ISBN 978-3-662-12903-6
ISBN 978-3-662-12902-9 (eBook)
DOI 10.1007/978-3-662-12902-9

DER BAUINGENIEUR
27. Jahrgang Juli 1952 Heft 7

Regelformen für einfache Straßenbrücken kleiner Stützweiten.

Von Reg.-Baudirektor Dr.-Ing. **Wilhelm Tischer**, Bonn.

Übersicht.

Einführung.

Die Anfänge der vorliegenden Arbeit gehen auf das Jahr 1946 zurück. Sie ist damals — in der Straßenbau- und Verkehrs-Generaldirektion Bielefeld — aus dem Gedanken entstanden, den Wiederaufbau der zahlreichen zerstörten kleineren Straßenbrücken zu vereinheitlichen, zu vereinfachen und zu verbilligen sowie auch vor allem die Ansprüche an die Unterhaltung dieser Bauwerke auf das Geringste zu bescheiden. Daß mit der einfachen Anlage auch die äußere Form an Klarheit und Schönheit sowie an der Aussicht fehlerfreien Gelingens nur gewinnen konnte, sprach außerdem für diese Idee.

Aus solchen Absichten heraus sind die nachstehenden Vorschläge für Regelformen einfacher Straßenbrücken kleiner Stützweiten entwikkelt worden. Sie lagen im großen und ganzen bereits vor, als die neuen „Belastungsannahmen für Straßen- und Wegbrücken" und die „Vorläufigen Richtlinien für die Bemessung von Verbundträgern im Straßenbrückenbau" im Jahre 1950 im Entwurf veröffentlicht wurden. Die vorliegende Arbeit weicht aber von den genannten Entwürfen nirgends so wesentlich ab, daß ihre künftige praktische Verwendung beeinträchtigt sein könnte. Das Bundesverkehrsministerium und seine Vorgänger hatten Herrn Zivilingenieur Dr.-Ing. H. Homberg, Hagen/Westf., beauftragt, die für diese Aufgabe erforderlichen Berechnungen und Konstruktionen in enger Zusammenarbeit mit dem Verfasser und nach dessen Richtlinien auszuführen. Des schwierigen und umfangreichen Auftrags hat sich Herr Dr. Homberg mit Hilfe einer von ihm gleichzeitig ausgebauten und kürzlich ebenfalls veröffentlichten Theorie der Kreuzwerke [1] erfolgreich entledigen können. Die Ergebnisse seiner Arbeit kommen in zahlreichen Tafeln und Zeichnungen dieser Veröffentlichung zum Ausdruck.

Abb. 1. Kinzigbrücke Steinau: Baujahr 1949, Brückenklasse I, Stützweite 19,80 m, Fahrbahnbreite 6 m mit beiderseitigem Gehweg von 1,0 m. Baustahl: Stahl St 37, Beton B 300. System: Trägerrost aus 4 Hauptträgern mit 2 lastübertragenden Querverbänden in Verbundkonstruktion mit der Fahrbahnplatte von d = 20 cm Dicke. Verbundwirkung nur für Verkehrslast. Profile: Randträger IP 100 und IP 80 geschweißt, Mittelträger IP 75, lastübertragende Querträger IP 60. Stahlgewicht: $35\ t = \frac{35}{8.5 \cdot 20} = 0{,}2\ t/m^2$. Lichtbild Stahlbau Lavis, Offenbach a. M.

Seine Mitarbeiter, Herr Dipl.-Ing. Schuster, Herr Dipl.-Ing. Leder und Herr Ingenieur Holtmann, haben ihn bei der Durchführung des Auftrags vorzüglich unterstützt. Stahlbau Lavis, Offenbach a. M., sowie Herr Bauingenieur Loyal im Bundesverkehrsministerium haben sich um die weitere technische Vervollkommnung der Arbeit durch kritische Durchsicht und weitere Anregungen verdient gemacht. Herrn Bauingenieur Loyal gebührt

30 m Stützweite — bezogen auf den freiaufliegenden Balken — Plattenkreuzwerke mit schubfest auf Walzträgern verankerter Stahlbetontafel (auch Stahlverbundträgerroste genannt) gewählt worden (Abb. 2).

Die Plattenkreuzwerke beruhen auf der natürlichen Verbindung eines hochwertigen Stahlbaues und Stahlbetonbaues. Sie sind besonders wirtschaftlich sowohl in der Herstellung als auch in der Unterhaltung. Diese Bau-

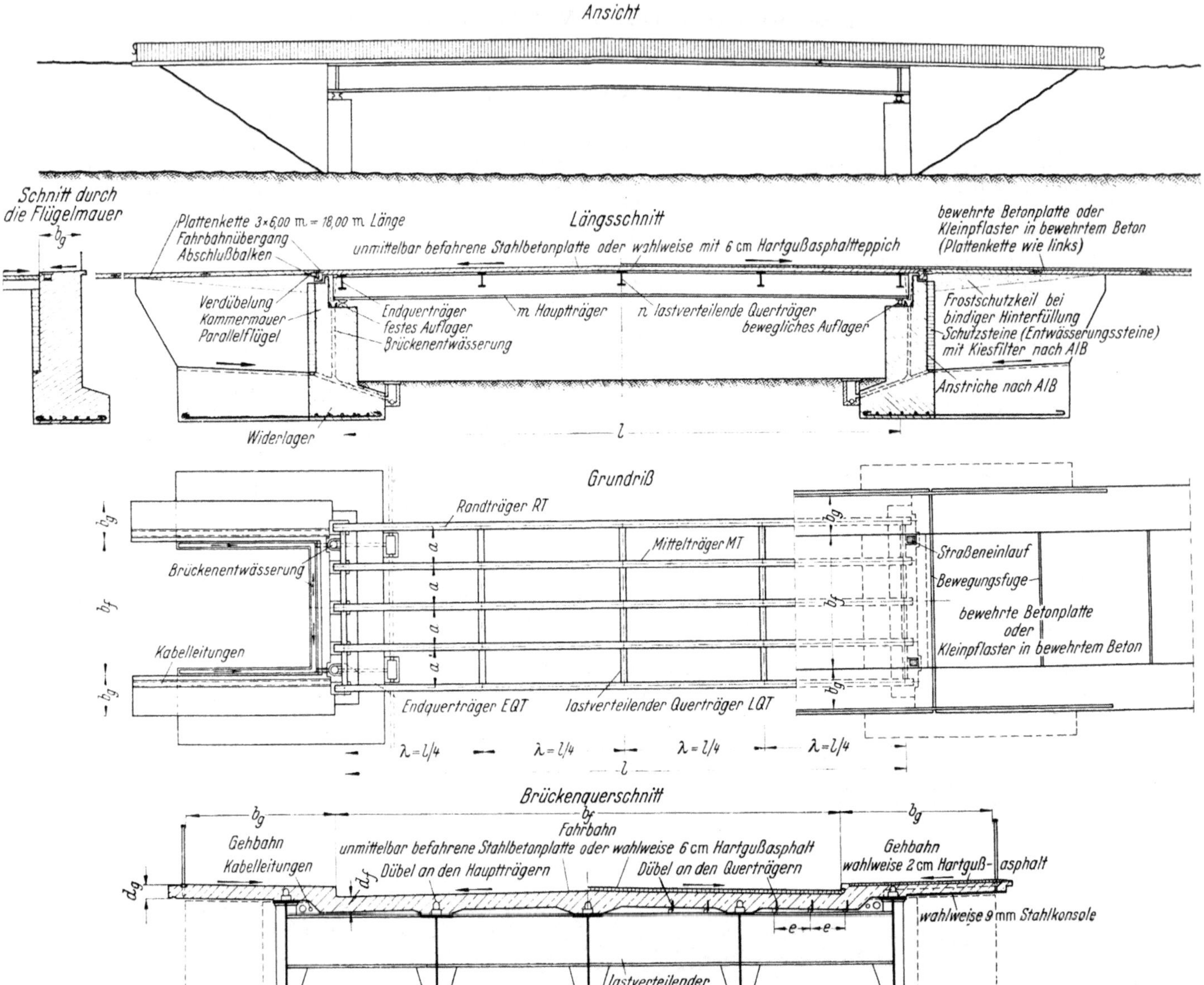

Abb. 2. Plattenkreuzwerk der Regelformen, Übersicht.

außerdem Dank für die abschließenden Bemühungen um die rechte Form. Der Bundesminister für Verkehr förderte die Veröffentlichung durch einen Druckkostenbeitrag.

I Technische Grundgedanken.

Es ist das Ziel der vorliegenden Arbeit, für den endgültigen Bau — besonders aber für den Wiederaufbau — kurzer Straßenbrücken in Stadt und Land der Einführung von Regelformen den Weg zu ebnen, die in vielen Fällen zu den konstruktiv einfachsten und damit für Bau und Unterhaltung zusammen zu den wirtschaftlichsten Lösungen gehören werden. Es handelt sich also um eine Typisierung einfacher Bauformen und damit um einen weiteren Schritt zur Vereinheitlichung in der Gestaltung und im Bau neuzeitlicher Straßenbrücken. Hierbei sind als Typenformen für kurze Trägerbrücken von etwa 8 bis

form vereinigt in sich die folgenden technischen Grundgedanken, nämlich

1. Kreuzwerk,
2. Plattenträger (Stahlverbundträger),
3. unmittelbar befahrene Stahlbetonplatte,
4. spaltlose bzw. spaltarme, wasserdichte Schweißung der Verbindungen,
5. gerüstfreien Aufbau,
6. gegebenenfalls Vorspannung des gesamten Tragwerks oder der Stahlbetontafel allein (z. B. durch Montagemaßnahmen oder durch Vorspannglieder längs und quer).

Die im Abschnitt — V Regelformen — zusammengestellten Walzträger-Regelbrücken machen allerdings absichtlich von der Vorspannung keinen Gebrauch, um ihre

Bauausführung und Unterhaltung für die überwiegende Zahl der kleinen Bauherrn und Bauunternehmer so einfach und so sicher wie nur möglich zu gestalten. Demgegenüber setzen die Vorspannbauarten, deren Entwicklung noch nicht abgeschlossen ist, besondere Kenntnisse und Erfahrungen bei Entwurf und Ausführung voraus, die gegenwärtig noch nicht allgemein anzutreffen und zweckmäßig an größere Bauvorhaben zu wenden sind.

Bei den Regelformen ist also ein weitmaschiges, drillweiches, statisch gesehen ebenes Stahlkreuzwerk mit einer unmittelbar dem Verkehr ausgesetzten Fahrbahntafel aus Stahlbeton, die zusätzlich eine Verschleißdecke aus Hartgußasphalt erhalten kann, in eine schubsichere Verbindung gebracht worden. Es sei dabei ausdrücklich hervorgehoben, daß es sich zwar um eine Fahrbahn von sehr einfachem Aufbau und hohem Tragvermögen handelt, jedoch um keine Leichtfahrbahn. Sie nimmt auch alle waagrechten Kräfte auf. Diese Bauweise ist an Einfachheit, Sicherheit und Sparsamkeit wohl kaum zu übertreffen, wie im folgenden nachgewiesen wird.

Das Kreuzwerk der Regelformen ist ein gerades oder schiefes Balkentragwerk (Abb. 3), dessen Querträger biegesteif durch die Längsträger (Hauptträger) hindurchgeführt sind. Die sich kreuzenden biegesteifen Träger-

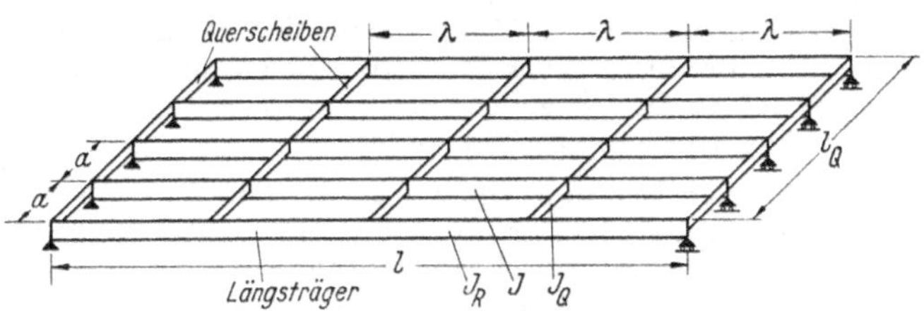

Abb. 3. Kreuzwerk der Regelformen.

scharen sind das eigentümliche Kennzeichen dieser Bauweise. Sie bilden ein rechtwinkliges oder auch schiefwinkliges Kreuzwerk, wie entsprechend z. B. aus einem Netz von Füllstäben ein sogenanntes Netzwerk oder bei ihrer Anordnung in weiten, offenen Gefachen ein Fachwerk entsteht. Die Querträger des Kreuzwerks heißen lastverteilende Querträger oder Querscheiben. Sie bewirken eine weitgehende Kreuzwirkung, d. h. Verteilung der Lasten quer auf sämtliche Hauptträger. Diese gegenüber jeder Einzellast einsetzende gemeinsame Anstrengung aller Teile des Brückentragwerks ermöglicht bei den heutigen schweren, mit steigenden Gewichten sich weiter entwickelnden Einzellasten der Belastungsannahmen wesentliche Stahleinsparungen bis 40 % gegenüber solchen Ausführungsarten — annähernd gleiche Bauhöhe vorausgesetzt —, wo Querverteilung und Plattenträgerwirkung nicht vorhanden sind.

Das Plattenkreuzwerk der Regelformen (Abb. 2) entsteht durch die schubsichere Verbindung der fugenlosen, auch in sich schubfesten, massiven Brückentafel mit dem sie unterstützenden Stahlkreuzwerk. Sie wird hierdurch zu einem konstruktiven Bestandteil des Kreuzwerks und nimmt an dessen Verformungen vollen Anteil. Durch eine solche Konstruktion werden selbst bei großen Stützweiten besondere Windverbände und besondere Knickaussteifungen der gedrückten Trägerobergurte nicht allein entbehrlich, sondern weit wirksamer ohne zusätzlichen Baustoffaufwand durch die sehr steife Brückentafel ersetzt. Die Querscheibenanschlüsse bleiben von Längskräften frei. Auch die Beulsicherheit des stählernen Tragwerks mit symmetrischen Querschnitten ist bei Mitwirkung der Brückentafel wesentlich größer als ohne die schubfeste Verbindung. Ursache ist die unsymmetrische Spannungsverteilung im Stahlträger. Sein Druckgurt wird bei Walzträgern nicht voll ausgenutzt; denn der auf ihn entfallende Druckkeil der Biegespannungen ist kleiner und inhaltmäßig wesentlich geringer als beim unverbundenen Träger. Die Gliederung des ganzen Tragwerks zeigt sich also wesentlich vereinfacht und seine Steifigkeit auch in der senkrechten Ebene bedeutend erhöht. In den hier behandelten Fällen bleibt die schubfeste Verbindung der Fahrbahnplatte aus Stahlbeton mit dem Stahlkreuzwerk auf die Formänderungen aus den Verkehrslasten beschränkt.

Dieses Bauprinzip bringt folgende, gerade für die Walzträger-Regelformen bedeutsame Vorteile:

1. die gerüstlose oder fast gerüstfreie Aufstellung der Brücken;

2. das von Schäden in der Brückentafel unbeeinflußte Tragvermögen des Bauwerks unter ständiger Last, wobei die Instandsetzung ohne Stützung des Plattenkreuzwerks immer möglich ist;

3. weitgespannte, bis quadratische Plattenfelder, da die Längsspannungen in der Brückentafel aus primärer Wirkung in angemessenen Grenzen bleiben;

4. eine nicht zu schwere Verdübelung zwischen Platte und Kreuzwerk;

5. im Walzträgerbereich als wirtschaftlich vertretbar den Sonderfall doppelt symmetrischer Querschnitte im Stahlkreuzwerk als Grundquerschnitte ohne zusätzliche Gurtplatten, was die Anwendung von Walzträgern in großem Umfange ermöglicht;

6. einen Mindestaufwand an Schweißarbeit — Längsträger und Querträger ohne verstärkende Gurtplatten — sowie die einfache Möglichkeit, den unteren Flansch nachträglich durch zusätzliche Gurtplatten zu verstärken, da die zulässige Betondruckspannung nicht voll ausgenutzt ist;

7. die erhebliche Stahlersparnis, die bei Vorbelastung durch die ständige Last der Brückentafel bis 40 % eines Stahlträgers gleicher Tragfähigkeit erreichen kann, im Hochbau sogar bis 50 % ohne Vorbelastung, zumal wenn die Träger unsymmetrisch, das heißt mit stärkerem Zugflansch ausgebildet werden;

8. die beträchtlich vermehrte Steifigkeit, also eine geringere Durchbiegung, worauf es gerade bei weitgespannten oder sehr niedrigen Tragwerken ankommt.

Die Wirkungen des drillfrei angenommenen Kreuzwerks und des Plattenkreuzwerks werden durch die nachstehenden Werte veranschaulicht. Bei den Regelformen bildet die Verwindungssteifigkeit des Verbundtragwerks — also der Drillwiderstand der Längs- und Querträger sowie die Scheibenwirkung der Fahrbahnplatte — eine rechnerisch nicht genutzte Tragfähigkeitsreserve für örtliche Überlastungen. Die nachstehenden Angaben betreffen zweiseitig gelagerte Überbauten mit einer Stützweite von 10 bis 50 m.

1. Größtmomente der Mittelhauptträger aus ständiger Last und Verkehrslast mit Schwingbeiwert bei Hebelwirkung 100 %, bei Kreuzwirkung etwa 60 bis 90 %;

2. Größtmomente der Randhauptträger wie oben bei Hebelwirkung 100 %, bei Kreuzwirkung etwa 150 bis 110 %;

3. Größtmomente eines Querträgers in Stützweitenmitte wie oben bei Hebelwirkung 100 %, bei Kreuzwirkung etwa 600 bis 200 %.

In bezug auf die Schnittkräfte (Momente usw.) ist die Kreuzwirkung des Plattenkreuzwerks nicht wesentlich verschieden von der des Kreuzwerks.

4. Trägheitsmoment eines Haupt- und Querträgers — Stahlträgerhöhen von 0,6 m bis 2,6 m zunehmend — im Kreuzwerk (Stahlträger allein) 100 %, im Plattenkreuzwerk (Plattenträger mit rund 20 cm dicker Stahlbetonplatte für $n = E_e/E_b = 10$) 300 bis 150 %;

5. Widerstandsmoment, sonst wie Ziffer 4, Kreuzwerk 100 %, Plattenkreuzwerk 150 bis 120 %.

Die obigen Vergleichswerte sprechen gerade im Hinblick auf die lastverteilende Wirkung und die wesentlich vermehrte Steifigkeit für eine allgemeine Anwendung des

Plattenkreuzwerks, besonders bei niedrigen Bauhöhen und großen Stützweiten, wo sonst schon auf Durchbiegung bemessen werden müßte. Wie schon bemerkt, beziehen sich obige Vergleichswerte auf Stahlträgerhöhen von 0,6 bis 2,6 m Höhe und auf Plattenträgerverhältnisse (das ist Plattendicke aus Stahlbeton: Rippenhöhe aus Stahl) von ungefähr 1 : 4 bis 1 : 10. Das Steifigkeitsverhältnis r zwischen den Verbundrandträgern und den Verbundmittelträgern bewegt sich entsprechend zwischen $r = I_R/I = 1{,}7$ bis etwa 1,1. Diese Konstruktionen besitzen außerdem noch die Vorteile der größeren Sicherheit, weil die einzelnen Teile gegen Überlastung unempfindlich sind, sowie der klaren und einfachen Gliederung, die sich in einer billigen Unterhaltung und in einem einwandfreien Aussehen auswirkt.

II Wirtschaftliche Begründung.

Die Grenzen der Typisierung sind im vorliegenden Werk absichtlich um einen solchen Bereich niedriger Trägerhöhen von 0,6 m bis 1,0 m gezogen worden, daß damit die Hauptgruppe der kleinen Stützweiten von etwa 8 bis 30 m — bezogen auf freiaufliegende Balken — und mit ihnen also die Mehrzahl der alltäglichen, einfachen Fälle erfaßt werden. Denn wo solche Trägerbrücken für den Wiederaufbau oder Neubau heute zur Erörterung stehen, liegen die Vorhaben meistens in den Kreuzungen wichtiger Verkehrswege. Dort pflegen aber gerade die Bauhöhen von den Ansprüchen der Verkehrslasten, der Lichträume, Rampenneigungen und Bebauung hart umkämpft zu sein. In erster Linie wird man versuchen, allen daraus erwachsenden Anforderungen mittels einer Deckbrücke zu genügen, deren Tragwerk vollständig unterhalb der Fahrbahn liegt. Die Vorzüge dieser Bauart sind überzeugend: kürzester Kraftfluß von den Lastpunkten zu den Auflagern, keine Durchdringungen, ein von Einbauten freier Verkehrsraum und im Ergebnis steife, leichte und sehr einfache Konstruktionen.

Gegenüber Stahlbeton — vorgespannte oder vorspannungsfreie Plattenbalken und Platten — liegen die Vorzüge der zu typisierenden Plattenkreuzwerke aus Stahlbeton und Walzträgern in

1. dem gerüstfreien Aufbau;
2. dem wesentlich leichteren Eigengewicht, den erheblich geringeren Transport- und Aufstellungskosten;
3. den trotzdem sehr geringen Bauhöhen von 1/10 bis etwa $1/23 \cdot l$ innerhalb eines Stützweitenbereichs von etwa 8 bis 30 m bei voller spannungsmäßiger Ausnutzung.

Demgegenüber betragen die Mindestbauhöhen einfach gelagerter wirtschaftlicher Plattenbalken aus gewöhnlichem Stahlbeton 1/8 bis 1/10 der Stützweite l und die entsprechender Plattenbrücken etwa 1/11 bis $1/13 \cdot l$. Nur bei durchlaufenden Plattenbrücken mit einem Verhältnis der Endöffnungen zu den Mittelöffnungen von etwa 1 : 1,2 ist es möglich, bei weit ausladenden Schrägen beiderseits der Mittelstützen die Plattenhöhen einzuschränken auf etwa

$1/25 \cdot l$ in der Mitte der Endstützweiten,
$1/35 \cdot l$ in der Mitte der Hauptstützweiten.

Massive Bauweisen sind allein schon durch größere Gewichte, umständlichere Herstellung, Schalung und Rüstung, ferner durch längere Bauzeit und — wenn nicht vorgespannt — auch durch größere Bauhöhen unterlegen, wenn sie sich nicht durch besondere örtliche Bedingungen — z. B. Kiesvorkommen, Vorrat an Betonstahl usw. — empfehlen. Jedenfalls nimmt der wirtschaftliche Vorsprung der Plattenkreuzwerke in Stahlverbundbauweise mit wachsender Stützweite sichtbar zu. Dies geht so weit, daß etwa ab 38 m Stützweite und bei Trägerhöhen von $l/18$ bis $l/20$ die Stahlverbundkreuzwerke als durchlaufende Tragwerke schon allein hinsichtlich des Stahlbedarfs den nicht vorgespannten Stahlbetonbalkenbrücken (auch Kastenträgern) gleichwertig oder überlegen sind, selbst wenn letztere noch etwas größere Bauhöhen aufweisen. Darüber hinaus werden im allgemeinen Bestand und Tragfähigkeit der Walzträger-Regelformen (kreuzweise bewehrte Stahlbetonplatte schubfest auf Walzträger-Kreuzwerk gelagert) höher einzuschätzen sein als bei gewöhnlichen Plattenbalken aus Stahlbeton, deren Zugzone bereits bei 1/4 bis 1/6 der Gebrauchslast je nach Art und Stärke der Bewehrung die unvermeidlichen zahlreichen Haarrisse aufweist.

Im Verhältnis zu den für Spannweiten über 20 bis 30 m in Verbindung mit sehr geringen Bauhöhen zu äußerster Wirtschaftlichkeit fortentwickelten Plattenkreuzwerken, Rippen- und Zellenplatten orthogonal anisotroper Bauart aus

1. Stahl,
2. vorgespanntem Stahlbeton,
3. vorgespanntem Stahlverbund

gehören die hier behandelten Walzträger-Regelformen ohne Vorspannung in dem darunter liegenden Bereich einfacher Stützweiten zu den baulich einfachsten, dauerhaftesten und daher auf weite Sicht billigsten Bauweisen. Werden letztere auch bei durchlaufenden Tragwerken angewendet, so läßt sich als zusätzliche Vorkehrung die Vorspannung der Stahlbetontafel in den meisten Fällen bereits durch einfache Montagemaßnahmen ohne besonderen Aufwand in einem Ausmaß erzielen, daß die Fahrbahntafel in den Zugzonen des Tragsystems gegen das Entstehen von Rissen gesichert bleibt.

Unter den Belastungsannahmen der DIN-Klasse I und I A (gemäß DIN 1072, 6. Ausgabe vom September 1944) sind dagegen die vorstehend genannten fortentwickelten Bauweisen in ihrem wirtschaftlichen Anwendungsbereich bei einfachen Stützweiten über 20 bis 30 m durch folgende niedrigste Bauhöhen gekennzeichnet:

1. orthotrope Platten und Plattenstreifen in Stahl bis $1/40 \cdot l$;
2. orthotrope Platten und Plattenstreifen in vorgespannter Stahlverbundbauweise bis $1/35 \cdot l$;
3. orthotrope Platten und Plattenstreifen in vorgespanntem Stahlbeton bis $1/25 \cdot l$.

Bei Straßenbrücken mit durchlaufenden, an der Unterfläche bogenförmig gewölbten Überbauten lassen sich jedoch mit den obigen Tragwerksystemen in Brückenmitte Mindestbauhöhen herab bis zu $l/90$ erzielen.

Die Erfahrung hat gezeigt, daß die Walzträger-Plattenkreuzwerke ohne Vorspannung in vielen Fällen ihre wirtschaftliche Überlegenheit einbüßen, sobald die Stützweiten einfacher Trägerdeckbrücken größer als 20 m werden. Ausnahmslos endigt ihr wirtschaftlicher, auf Bau und Unterhaltung bezogener Vorsprung aber bei einer Spannweite von etwa 30 m, die bei einfach gestützten, vorspannungsfreien Verbundkreuzwerken auch konstruktiv die obere für Walzträger erreichbare Grenze darstellt. Bis dahin wird man also im allgemeinen mittels der Walzträger-Regelformen und ihrer Abwandlungen nach jeweils maßgebender Brückenbreite und Bauhöhe in wirtschaftlicher Weise jeder nur denkbaren räumlichen Kombination der drei Grundbedingungen

Bauhöhe — Stützweite — Verkehrsbreite

zu entsprechen vermögen und damit solide und natürliche sowie in der Unterhaltung anspruchslose Bauwerke von hoher Tragfähigkeit erhalten.

Für die genannte Stützweite von 20 m sind für den Sonderfall einfacher Trägerdeckbrücken sowie für DIN-Klasse I/St 37 bzw. DIN-Klasse I A/St 52 die Unterschiede der Gewichte und wirtschaftlichen Bauhöhen von ausgeführten Tragwerken verschiedener Bauart in der nachfolgenden Tabelle 1 gegenübergestellt.

Tabelle 1. Bauhöhen und Einheitsgewichte verschiedener Tragwerke.

Art des Tragwerks	Bauhöhen m	Stahlgewicht* t/m²	Betongewicht m³/m²	Gesamtgewicht t/m²
1. Orthotrope Stahlplatten	$l/20$ 1,00	0,240	0,05 (Asphaltdecke)	0,38
2. Längs und quer vorgespannte Stahlbetonrippenplatte	$l/20$ 1,08	St 90:0,041 B I[1]:0,023	0,38	1,03
3. Plattenkreuzwerk aus Stahlbeton und Stahl (Walzträger)	$l/15$ 1,35	KSt[2] 0,180 B I 0,030	0,22	0,74
4. Stahlbetonplattenbalken	$l/9$ 2,20	0,100	0,60	1,54
5. Stahlbetonplatte	$l/12$ 1,70	0,080	1,10	2,72

* ohne Geländer, Auflager, Ausrüstung; bezogen auf die Brückenfläche, begrenzt von inneren Geländefluchten und Auflagerachsen.
[1] B I = Betonstahl I.
[2] KSt = Konstruktionsstahl.

Weitere wirtschaftliche Möglichkeiten, die sich durch die Anwendung der Walzträger-Regelformen allen am Bau beteiligten Stellen eröffnen, ob sie nun als Auftraggeber oder Auftragnehmer mitwirken, liegen in

1. der Verbilligung und Beschleunigung der Entwurfsarbeiten und Bauvorbereitungen, da Abmessungen und zugehörige Konstruktionseinzelheiten dem Tafelwerk und den Musterentwürfen entnommen werden können;

2. Sammelbestellungen und Sammelwalzprogrammen weniger einheitlicher Posten;

3. der frühzeitigen Bedarfsplanung und gegebenenfalls Vorratshaltung der gängigen Profile und Stoffe;

4. Regelverträgen und Regelpreisen;

5. der Vereinfachung der Bauleitung und Bauüberwachung.

III Wissenschaftliche und erfahrungsmäßige Grundlagen.

Für die zutreffende Berechnung der hier in Rede stehenden Tragkörper kommen mehrere statische Abstraktionen in Betracht, und zwar sowohl die des Kreuzwerks als auch die der orthotropen Platte. Maßgebend für die Wahl dieser oder jener statischen Auffassung sind Form und konstruktive Durchbildung des wirklichen Tragwerks sowie die in ihm wirkenden maßgebenden Kräfte. Hiervon hängt es ab, wie schnell und mit welcher Annäherung sich das gesuchte annähernd wirklichkeitsgetreue Bild der inneren Anstrengungen mit diesem oder jenem Berechnungsverfahren ermitteln läßt. Man wird also das grundlegende statische System und damit die anzuwendende Theorie nach diesen Gesichtspunkten aussuchen und im übrigen sowohl der Stabstatik als auch der Flächenstatik die ihr gebührende Gleichberechtigung einräumen und beide vorurteilslos nebeneinander anwenden.

Platten und ebene Kreuzwerke, zylindrische Schalen und Bogenkreuzwerke sind in statischer Hinsicht gleich [2]. Genau und in erster Linie wird man natürlich eine Platte als Platte und eine Schale als Schale rechnen. Wo dieses Verfahren aber an den Schwierigkeiten der Berechnung scheitert, z. B. bei schiefen oder unregelmäßigen oder verwickelten Bauformen, bieten sich die Kreuzwerke bei Übernahme aller oder der maßgebenden inneren Kräfte sowie entsprechend der Biege- und Drillsteifigkeiten der Platte oder Schale als Näherungslösung an, die auch in dem allgemeinsten Falle der Anlage des Tragwerks und der Rechnung nicht versagt. Die Näherung wird um so genauer mit der strengen Lösung der Platte oder Schale übereinstimmen, je mehr gleiche Streifen bei ihrer rechtwinklig oder schiefwinklig kreuzweisen Aufteilung gewonnen werden, also je dichter die Träger in den einander kreuzenden Trägerscharen im ideellen Kreuzwerk liegen (Abb. 4). So kann man auch den Plattenvoll- oder Plattenhalbstreifen als statisch gleichwertig die Kreuzwerkvoll- oder Kreuzwerkhalbstreifen gegenüberstellen, was für die Berechnung z. B. der Fahrbahn-Kreuzwerke an Bedeutung gewinnt.

Umgekehrt darf natürlich auch jedes gegebene Kreuzwerk, Plattenkreuzwerk oder Zellenkreuzwerk angenähert als orthotrope (= orthogonal anisotrope) Platte und jedes gegebene Bogenkreuzwerk, Schalenkreuzwerk oder diesbezügliche Zellenwerk als orthotrope Schale in Annäherung berechnet werden.

Diese Überlegung erhält besondere praktische Bedeutung für das Plattenkreuzwerk, das als sog. drillweiches oder drillsteiferes Plattenkreuzwerk in seiner statischen Wirkung zwischen der orthotropen drillsteifen Platte und dem reinen Kreuzwerk mit ungleich steifen Trägerscharen liegt und je nach der Drillsteifigkeit von Fahrbahntafel und Tragwerk mehr oder weniger dem statischen Verhalten einer drillsteifen Platte oder eines drillfreien Kreuzwerks folgen wird. Wo die Drillsteifigkeit der Fahrbahntafel oder des Kreuzwerks selbst oder dieser beiden Elemente zusammen für die Tragfähigkeit des Gesamtsystems von wesentlichem Einfluß ist und erfaßt werden soll und

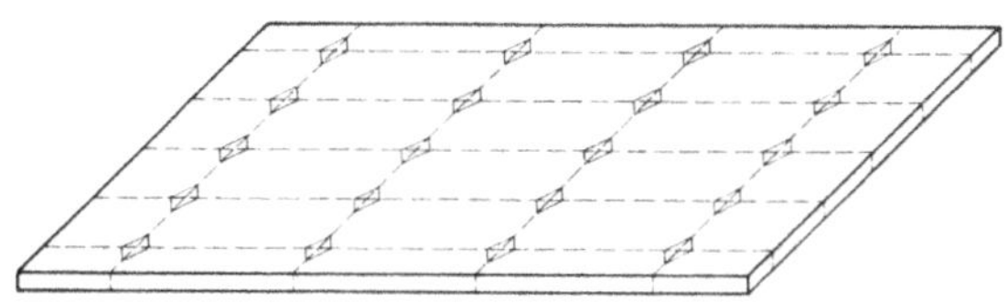

Abb. 4 Aufteilung der Platte zum ideellen Kreuzwerk.

wenn es sich außerdem um eine gerade Brücke handelt, z. B. engmaschige Plattenkreuzwerke oder Zellenkreuzwerke, dürfte die Statik der Flächentragwerke gegenüber der Stabstatik, letztere mit Berücksichtigung der Drillsteifigkeiten des Kreuzwerks, wegen der größeren Einfachheit und der besseren Wirklichkeitstreue den Vorzug verdienen. Wenn jedoch die Vernachlässigung einer für die Verteilung der maßgebenden rechnerischen Verkehrslasten ohnehin nicht bedeutenden Drillsteifigkeit oder eines nicht beachtlichen waagrechten Schubflusses in der Brückentafel oder im waagrechten Verband in der Berechnung eine erwünschte oder vertretbare Erhöhung der Sicherheit darstellt, wird die Stabstatik des drillfreien Kreuzwerks das allgemeine, einfachste und der Wirklichkeit ausreichend nahekommende Berechnungsverfahren darstellen, wie auch die Messungen an Versuchsmodellen und Bauwerken gezeigt haben [3]. Diese einfache Berechnungsweise ist daher bei den einfach zusammenhängenden offenen Querschnitten dort am Platze, wo wie z. B. bei den in diesem Aufsatz behandelten Regelformen

1. ein weitmaschiges Plattenkreuzwerk mit angeschrägter Stahlbetonplatte auf Stahlträgern vorliegt. Dies betrifft Trägerabstände $a = 1{,}5$ m und mehr sowie ein Verhältnis von Plattendicke zu Trägerhöhe — auf Stahl bezogen — von etwa 1 : 30 und weniger, wie es bei den in dieser Arbeit empfohlenen Regelformen zu finden ist;

2. die Kraftwirkungen aus den ungünstigsten Stellungen der Verkehrslast symmetrisch zur Brückenachse verlaufen, wie es z. B. bei den symmetrisch ungünstigsten Stellungen der Fahrzeuge der Belastungsannahmen vorkommt (Abb. 5).

Bei diesem Verfahren läßt sich dem Beitrag der Fahrbahntafel zur Biegesteifigkeit längs und quer durch die Annahme einer voll mitwirkenden Plattenbreite im Plattenträgerquerschnitt annähernd und ausreichend Rechnung tragen. Sie ist zwar mit der Stützweite veränderlich und außerdem in den einzelnen Querschnitten von der Art der Belastung abhängig; jedoch entsprechend dem Grundsatz, daß jede Platte und damit auch jedes Plattenkreuzwerk statisch angenähert durch ein reines Kreuzwerk ersetzt werden kann, wenn man sie kreuzweise in gleiche Streifen einteilt, wobei die größere Streifenzahl die genauere Annäherung liefert, wird die voll mitwirkende Breite der Fahrbahntafel längs und quer im allgemeinen gleich dem Abstand der Längsträger und Querscheiben zu setzen sein. Lediglich wenn bei verhältnismäßig dünnen Fahrbahntafeln die Trägerabstände sehr groß werden — bei den Regelformen längs und quer mehr als 4/10 der Längsstützweite l bzw. 1/3 der Querträger-

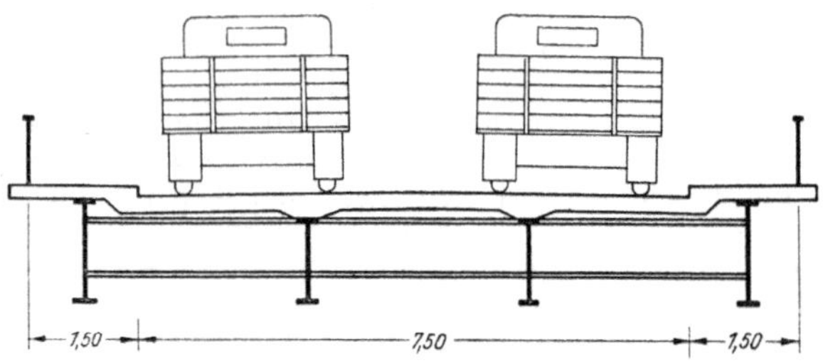

länge l_q zwischen den Randträgern —, erscheint eine Nachprüfung der vollmitwirkenden Plattenbreite nach den Verfahren von E. Chwalla [4] und F. Dischinger [5] geboten. Im übrigen löst sich das Zweistoff-Plattenkreuzwerk für die statische Behandlung von selbst in homogene Längs- und Querstreifen auf, und zwar infolge Einführung des Dehnungsverhältnisses $n = E_e/E_b$ von Beton und Stahl (DIN 1075). Das heißt also: Man rechnet mit einem homogenen stählernen Plattenkreuzwerk, dessen voll mitwirkende Plattenbreiten längs und quer $1/n$ der jeweiligen Feldbreiten der Stahlbetonplatte betragen.

Es kommt nun darauf an, die Konstruktion des Plattenkreuzwerks mit den vorstehenden Gedankengängen in Einklang zu bringen, und es ist dafür zu sorgen, daß die biegesteife, von Zug- und Schubrissen freie Brückentafel den Durchbiegungen im Zuge der Längs- und Querträger voll folgen muß und sich auch in den Feldern dazwischen diesem Zwang nicht wesentlich entziehen kann. Bei den Regelformen dieses Heftes sind daher über den Auflagern und in der Öffnung nur so viele schubfest mit der Fahrbahnplatte verankerte Querscheiben angeordnet worden, daß bei der 4,5 m quer gespannten Platte der Typenreihe S 3 nicht mehr als 5,5 m lange Plattenfelder, dagegen bei Querstützweiten von 3,5 m und weniger nicht mehr als 11 m lange Plattenstreifen entstehen.

Wie nun beim Plattenkreuzwerk auch gerechnet werden mag, — ob als Flächen- oder Stabwerk —, immer wird man der Wirklichkeit nur bis zu einem gewissen Grade nahekommen können. Bei den beiden Verfahren ist für das Plattenkreuzwerk folgendes zu berücksichtigen:

1. Bei gerüstfreiem Zusammenbau — er ist ein Hauptmerkmal der Regelformen — sind 3 Spannungszustände der Zweistoff-Tragwerke zu unterscheiden; nämlich die Spannungen

a) aus ständiger Last des Stahlkreuzwerks ohne Kreuzwirkung oder Plattenwirkung,

b) aus ständiger Last der Fahrbahntafel allein mit Kreuzwirkung des stählernen Tragwerks,

c) aus Verkehr und gegebenenfalls aus Entfernung der Schalung unter Berücksichtigung der Wirkung des Plattenkreuzwerks oder der ideellen Platte.

2. Auch bei Berechnung als ideelle Platte unter stetiger Aufteilung des Gesamtträgerquerschnitts über die Brückenbreite müssen zusätzlich die sekundären Beanspruchungen der Fahrbahnplatte aus der unmittelbaren Einwirkung der Verkehrslasten berücksichtigt werden.

An allgemeinen und gründlich ausgearbeiteten Theorien des drillfreien Kreuzwerks stehen gegenwärtig folgende Verfahren der Stabstatik zur Verfügung, nämlich:

1. E. Melan und R. Schindler: Die genaue Berechnung von Trägerrosten. Springer-Verlag, Wien 1942.

2. F. Leonhardt und W. Andrä: Die vereinfachte Trägerrostberechnung. Verlag Julius Hoffmann, Stuttgart 1950.

3. H. Homberg: Kreuzwerke. Springer-Verlag, Berlin Göttingen / Heidelberg, 1951.

Die in diesen Veröffentlichungen entwickelten Theorien sind lediglich an die Bedingung gebunden, daß die Trägheitsmomente innerhalb jeder der beiden Trägerscharen ähnlich verlaufen. Dies ist bei der konstruktiven Anlage des Bauwerks zu beachten. Im übrigen gelten diese Theorien unbeschränkt für gerade und schiefe Kreuzwerke.

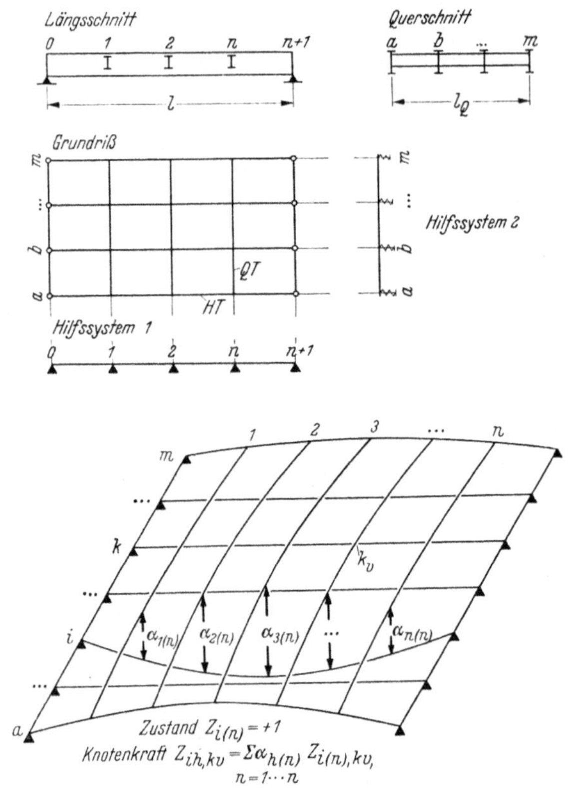

Abb. 6. Statisches Hauptsystem der Kreuzwerke nach Leonhardt, Homberg, durch Lösung der Knoten.
Oben: Hilfssystem 1, in der Längsrichtung des Kreuzwerks, ist der Durchlaufbalken auf $n+2$ starren Stützen; Hilfssystem 2, in der Querrichtung des Kreuzwerks, ist der Durchlaufbalken auf m elastischen Stützen. Unten: Grundsystem mit virtueller Lastengruppe. — Aus Homberg, H.: Kreuzwerke, Statik der Trägerroste und Platten, S. 2 und 22. Berlin 1951.

In diesem weitgezogenen Rahmen werden bei den genannten Methoden die Lösungen für alle gesuchten statischen Größen geboten, und zwar für

a) beliebige Kreuzwerksysteme (zwei-, drei- und vierseitig gelagerte Balken- und Bogenkreuzwerke, Kreuzwerkkuppeln) mit einer beliebigen Anzahl der Längs- und Querträger;

b) beliebige Systeme der Hauptträger (freiaufliegende Träger, durchlaufende Träger, Bogenträger);

c) beliebige Abstände der Längs- und Querträger.

Weitgehende Unterschiede weist allerdings der Gang der Verfahren auf. So bilden H. Homberg und F. Leonhardt-W. Andrä das Hauptsystem durch Lösung der Knoten der Querträger mit den inneren Hauptträgern (Abb. 6).

Demgegenüber entsteht bei Melan-Schindler das Hauptsystem durch Einführung von Gelenken in den

Knoten der Querträger mit den inneren Hauptträgern (Abb. 7).

Beide Verfahren reichen gleich weit. H. Homberg hat es auch auf drillsteife Hauptträger ausgedehnt, die Platte als schubsteife Haut miterfaßt und auch den Grenzübergang vom Kreuzwerk zur Platte vollzogen [1]. Aus den bereits erwähnten Grundgedanken heraus entwickelt er auch in diesem Fall geschlossene Formeln für die statischen Größen.

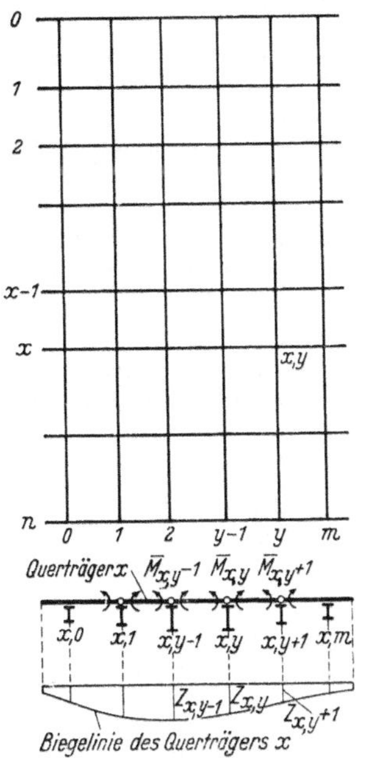

Abb. 7. Statisches Hauptsystem der Kreuzwerke nach Melan-Schindler. Grundgleichungen zwischen Stützenmomenten M_{xy} und Stützensenkungen Z_{xy} (Clapeyron'sche Gleichungen). Aus Melan-Schindler: Die genaue Berechnung von Trägerrosten, Wien, S. 4.

Melan-Schindler haben eine Möglichkeit der Erweiterung ihrer Arbeit auf drillsteife Kreuzwerke angedeutet.

Das statisch sehr anschauliche Verfahren von H. Homberg sei den Ingenieuren der Müller-Breslau-Schule empfohlen, weil es mit ihren Gedankengängen und Vorstellungen auf Grund ihrer Ausbildung im Einklang steht. Dieser Hinweis soll aber der Anwendung der Methoden von Melan-Schindler nicht abträglich sein, wenn sie mathematisch geschulten Ingenieuren, z. B. der Wiener Schule, geläufiger sein sollten und mehr liegen. F. Leonhardt-W. Andrä empfehlen für unregelmäßige Abmessungen und Stützungen das Modellverfahren.

Für den Fall gerader und nicht zu weitmaschiger Plattenkreuzwerke steht außerdem die Theorie der orthogonal-anisotropen Platte, sog. orthotropen Platte, zur Verfügung. Grundlage dieses Berechnungsverfahrens ist die Hubersche [6] Differentialgleichung, auf der W. Cornelius [7] inzwischen ein umfassendes Berechnungsverfahren aufgebaut hat. Je nachdem, ob beim Plattenkreuzwerk ein baulich gesicherter Drillwiderstand vorhanden ist bzw. berücksichtigt werden soll oder nicht, lautet die Differentialgleichung der Biegefläche w für die orthotrope Platte

$$B_1 \frac{\partial^4 w}{\partial x^4} + 4\,C \frac{\partial^4 w}{\partial x^2\,\partial y^2} + B_2 \frac{\partial^4 w}{\partial y^4} = p\,(x, y) \quad \text{(mit Drillwiderstand);}$$

$$B_1 \frac{\partial^4 w}{\partial x^4} + B_2 \frac{\partial^4 w}{\partial y^4} = p\,(x,\,y) \quad \text{(ohne Drillwiderstand).}$$

Unter Voraussetzung einer Querdehnung $\mu = 0$, die wegen der konstruktiven Durchbildung des Plattenkreuzwerks für einen großen Teil des Brückenquerschnittes vorliegt, bedeuten

$B_1 = E\,I_1$ die Biegesteifigkeit für einen Schnitt senkrecht zur Längsachse der Brücke,

$B_2 = E\,I_2$ die Biegesteifigkeit für einen Schnitt senkrecht zur Querachse der Brücke,

$2\quad C = G\,d^3 \cdot (b - 0{,}63\,d)/3$ die Drillsteifigkeit der Platte [8].

Weiterhin bestehen folgende allgemeine Formeln für die inneren Momente der orthotropen Platte ($\mu = 0$)

$$m_x = -B_1 \frac{\partial^2 w}{\partial x^2}, \quad m_y = -B_2 \frac{\partial^2 w}{\partial y^2}, \quad m_{xy} = -2\,C \frac{\partial^2 w}{\partial x\,\partial y}.$$

Die Momente sind also unmittelbar verhältnisgleich einerseits den zugehörigen Steifigkeiten, andererseits den zugehörigen Krümmungen, in denen die Lasten, die Laststellungen, das Randverhältnis und die Randbedingungen ihren Ausdruck finden.

Die Anlage der Regelformen bedingt, daß die Stahlbetonplatte der Brückentafel in den Richtungen der rechtwinklig oder schiefwinklig sich kreuzenden Brückenachsen über mehrere oder sogar zahlreiche Felder durchläuft. Letztere werden durch die Hauptträger und Querträger gebildet. Die unmittelbar dem Verkehr ausgesetzte Fahrbahntafel hat folgende Aufgaben zu erfüllen:

1. sie ist selbst tragender Bestandteil des Plattenkreuzwerks mittels der Verdübelung (Primärwirkung);

2. sie trägt den Verkehr und überträgt seine Auflasten auf das unterstützende Kreuzwerk (Sekundärwirkung);

3. sie bildet die Abdichtung der Brücke.

Um diesen Anforderungen zu genügen, muß die Brückentafel daher unbedingt frei von Rissen bleiben.

Während die erste Wirkung der Fahrbahntafel durch die Wahl einer voll mitwirkenden Plattenbreite längs und quer in der Kreuzwerkberechnung ihre ausreichende Berücksichtigung findet, verlangen die zweite und dritte Aufgabe ihre ebenfalls wirklichkeitsnahe Beachtung in einer zutreffenden Plattenberechnung. Diese wiederum hat einerseits der Tatsache Rechnung zu tragen, daß die Plattenauflager nachweislich als starr zu betrachten sind, andererseits muß sie auf einer Theorie beruhen, die es erlaubt, sowohl Plattenwirkung wie auch Durchlaufwirkung wirklichkeitsgetreu einzuschätzen und im Verhältnis zur Primärbeanspruchung richtig abzuwägen.

Es wurde daher für die Berechnung der unmittelbar dem Straßenverkehr ausgesetzten Brückentafeln aus Stahlbeton auf folgende plattentheoretische Arbeit zurückgegriffen:

E. Bittner: Momententafeln und Einflußflächen für kreuzweise bewehrte Eisenbetonplatten, Springer-Verlag, Wien 1939. Diese Arbeit bietet sowohl für eine genaue Plattenberechnung als auch für die Berücksichtigung der Durchlaufwirkung alle erforderlichen Hilfsmittel und ermöglicht eine schnelle und zutreffende Bemessung.

Der statische Nachweis für die Fahrbahnplatten der in diesem Heft behandelten Regelformen ist daher an Hand des letzgenannten Werkes erbracht worden. Es ist für rechteckige Platten nicht nur eine theoretisch und geometrisch umfassende, sondern auch auf die praktischen Bedürfnisse konzentrierte Arbeit und es gestattet, auch den Einfluß belasteter Nachbarfelder auf das zu untersuchende Plattenfeld oder den zu untersuchenden Rand zu berücksichtigen. Die elastische Querdehnung blieb entsprechend den Bittnerschen Annahmen mit $\mu = 0$ außer Ansatz, was bei Längsträgerabständen bis 4,5 m zulässig erschien, wenn auch von Pucher [9] sowie ebenfalls von Olsen und Reinitzhuber [10] auf immerhin bemerkbare Erhöhungen der Biegemomente aus der tatsächlichen Querdehnung — angenommen mit $\mu = 1/6$ für Stahlbeton — aufmerksam gemacht wurde.

Als ein wesentlicher Mangel in den zur Zeit vorhandenen plattentheoretischen Untersuchungen wird das Fehlen einer ausgebauten Theorie für die Berechnung schiefer, längs und quer durchlaufender Fahrbahnplatten empfunden. Im Brückenbau ist diese Lücke besonders fühlbar, weil etwa 90% aller auftretenden Bauvorhaben in schiefwinkligen Kreuzungen liegen. Entsprechend der Auffassung, daß zwei ausgezeichnete Kraftrichtungen mit den schiefwinkligen Symmetrieachsen der Platte zusammenfallen, wurde bei den schrägen Typenbauwerken auch die kreuzweise Bewehrung in diese Richtungen gelegt. Momente und Bewehrung sind dabei an rechteckigen Feldern mit gleichen Randlängen errechnet worden, und zwar für Laststellungen, die mit ihren schiefwinkligen Abständen von den Rändern aus dem schiefwinkligen Feld in das entsprechende rechteckige gleicher Seitenlängen übertragen wurden. Man dürfte damit auch bei Einzellasten für die Momente auf der sicheren Seite bleiben, wenn man außerdem beachtet, daß gegen die stumpfen Ecken hin die Hauptmomente, Scherkräfte und Auflagerdrücke zu hohen Spitzenwerten anwachsen. Im Gegensatz zur Rechteckplatte, wo die negativen Eckhauptmomente der Diagonalrichtung fast verschwinden, können solche in den stumpfen Ecken schiefwinkliger Platten das vierfache und mehr der entsprechenden Hauptmomente in Plattenmitte ausmachen. Auf eine leider verschollene Dissertation über die Berechnung schiefwinkliger Platten des gefallenen Dr.-Ing. Schädel bei der Techn. Hochschule Breslau, die in der letzten Zeit des Krieges entstanden ist, sei aufmerksam gemacht. Neuere, wertvolle Beiträge zu dieser Frage haben geliefert

H. Vogt [11] für die gleichmäßig belastete, vierseitig oder zweiseitig frei drehbar gelagerte Platte,

N. J. Nielsen [12] für die zweiseitig frei drehbar gelagerte, gerade und schiefe Platte unter gleichmäßig verteilter Last und unter einer Einzellast in Feldmitte oder in Randmitte an Hand von Zustandsflächen der Hauptmomente und Auflagerkräfte.

Für die Berechnung und Bemessung der unmittelbar befahrenen, längs und quer fugenlos durchlaufenden Brückentafel aus Stahlbeton ist die Kenntnis der Einsenkungsunterschiede der gestützten Plattenränder von ausschlaggebender Bedeutung. Die nachfolgenden von H. Homberg gemachten Feststellungen zeigen, daß sie für die Regelformen selbst unter den schwersten Verkehrslasten verschwindend klein sind, die Brückentafel also praktisch unnachgiebig gestützt zu berechnen ist.

Tabelle 2. Größte Durchbiegungsunterschiede Δ zwischen drei benachbarten Hauptträgern in Öffnungsmitte bei Plattenkreuzwerken infolge eines 40-t-Wagens (l = Stützweite des Kreuzwerks, a = Hauptträgerabstand).

l [m]	2a [m]	Δ [mm]	$\Delta/2a$
15	9	1,5	1 : 6000
18	6	0,86	
20	4,5	0,52	
21,5	3,6	0,22	
23	3	0,10	1 : 3000

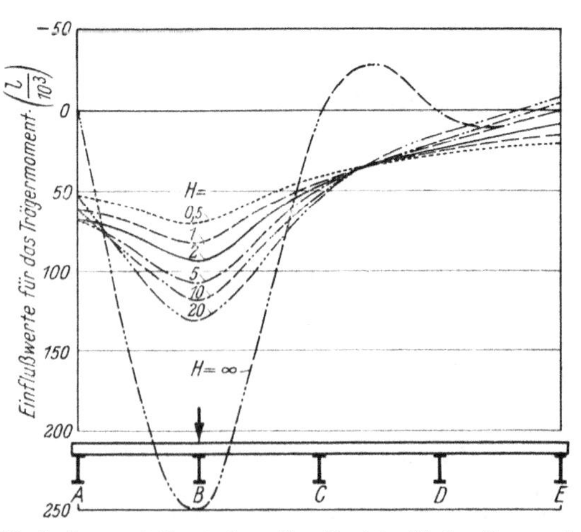

Abb. 8. Querverteilung einer Einzellast im Verbundtragwerk ohne Querscheiben (Proceedings 1948 Nr. 3, S. 308, Figur 14).

Daß querverteilende Kreuzwirkung sowie Drill- und Schubwirkung bei einem Plattenrippenwerk [1], also auch ohne lastverteilende Querscheiben, allein durch die massive Fahrbahntafel erzielt werden können, zeigt Abb. 8. Es handelt sich hier um das Modell einer Zweistoff-Plattenträgerbrücke ohne lastverteilende Querscheiben. Die Darstellung des Brückenmodells und der Querverteilungslinien für die Biegemomente der stählernen Längsträger in Brückenmitte ist den Proceedings Amer. Soc. Civil Eng., March 1948, Part 1, S. 308, entnommen. Die vom Steifigkeitswert des Plattenträgers

$$H = E_T\, I_T / E_P\, I_P\, l$$

(P = Platte, T = Träger, l = Stützweite der Träger)

abhängige querverteilende Wirkung der längs und quer durchlaufenden Fahrbahntafel ist aus den aufgetragenen Querverteilungslinien ersichtlich. Bauformen dieser Art werden indessen nur bei kleinen Stützweiten dort in Betracht kommen, wo die Platte vermöge ihrer verhältnismäßigen Steifigkeit eine beachtliche Querverteilung auszuüben vermag, ohne daß ihr auch unter den schwersten Verkehrslasten die Einsenkungsunterschiede schädlich werden.

Die aus derselben Quelle (S. 314) entnommene Abb. 9 bringt auch für die vorstehend beschriebene Bauart die Einflußfläche des Plattenmoments m_x in der Mitte der Feld

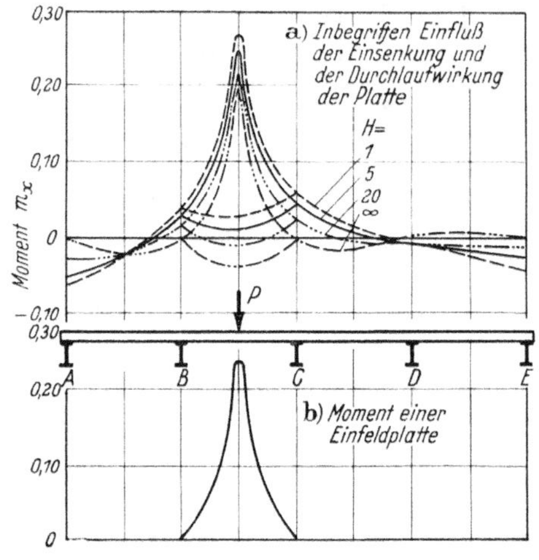

Abb. 9. Einflußflächen des Plattenmoments m_x in Feldmitte unter einer Einzellast P (Proceedings 1948, Nr. 3, S. 314, Figur 19).

weite a für ein Feldverhältnis $a/l = 0{,}1$. Wie der Vergleich zeigt, ist der größte Moment in einem beliebigen Feld der Brückentafel etwa gleich dem eines Einfeldstreifens von der Stützweite a. So liegt m_x je nach den Feldverhältnissen zwischen 0,20 P und 0,28 P, das dazu senkrechte m_y zwischen 0,12 P und 0,20 P, beide für eine Einzellast P im Bezugspunkt $a/2$.

Der statisch in Rechnung gestellte Plattenträger aus Stahlbetonfahrbahn und Stahltragwerk ist seit etwa 30 Jahren bei Straßen- und Eisenbahnbrücken mehrfach in der Schweiz, bei Straßenbrücken aber auch in Österreich und Schweden ausgeführt worden. Das Verdienst, Theorie und Konstruktion des Zweistoff-Plattenträgers systematisch entwickelt und die Wirkung des Verbundes gründlich erforscht zu haben, gebührt indessen den Schweizer Ingenieuren, vor allem M. Roš und A. Albrecht, die in dieser Bauweise die Forderungen nach

Qualität — Stoffersparnis — Spitzenleistung

in besonderem Maße erfüllt sahen. Die im Bericht Nr. 149 vom März 1944 der Eidg. Materialprüfungs- und Versuchsanstalt Zürich und der Techn. Kommission des Verbandes Schweiz. Brückenbau- und Stahlhochbau-Unternehmungen Basel veröffentlichten Ergebnisse statischer und dynamischer Versuche, ferner Messungen an ausgeführten Brücken sowie Mitteilungen über Ausführung, Berechnung, konstruktive Gestaltung und Erfahrung bilden daher die wesentliche Grundlage der heutigen statischen und konstruktiven Überlegungen.

Über die Theorie des Zusammenwirkens von Stahlbetonplatte und Stahlträger, über Berechnungs- und Bemessungsverfahren unter Berücksichtigung der Temperaturänderungen, des Schwindens und Kriechens, über die bauliche Durchbildung und Gestaltung der Stahlverbundtragwerke sowie über frühere und neue Versuche unterrichten im einzelnen an Hand zahlreicher Abhandlungen folgende Sonderdrucke:

Sonderheft „Stahlverbundbauweise" [Bauingenieur 25 (1950) Heft 3];

2. Sonderheft „Verbundbauweise" [Bauingenieur 25 (1950) Heft 8].

Die dortigen, viele Einzelprobleme des Verbundtragswerks behandelnden Ausführungen werden durch folgende Arbeiten ergänzt:

H. Eilers: Über die Längskraft- und Schubverteilung beim Schwinden des Betons bei Trägern der Verbundbauweise, Beton- und Stahlbetonbau 45 (1950), S. 63 ff.

M. Eßlinger: Schwinden und Kriechen bei Verbundträgern, Bauingenieur 27 (1952) S. 20 ff., eine Arbeit, die sich mit den Formeln von Fröhlich und Fritz auseinandersetzt.

K. Klöppel: Die Theorie der Stahlverbundbauweise in statisch unbestimmten Systemen unter Berücksichtigung des Kriecheinflusses, Stahlbau 20 (1951), S. 17 ff.

„Vorläufige Richtlinien für die Bemessung von Verbundträgern im Straßenbrückenbau, 1. Entwurf Juli 1950", Bauingenieur 25 (1950) S. 357 ff.

Wer sich außerdem mit den im vorstehend genannten Sonderheft des Bauingenieur vom März 1950 beschriebenen grundlegenden schweizerischen und amerikanischen Versuchen an Hand der Quellen näher beschäftigen will, greife zu

1. Bericht Nr. 149 — Träger in Verbundbauweise — der Eidgenössischen Materialprüfungs- und Versuchsanstalt für Industrie, Bauwesen und Gewerbe in Zürich und der Technischen Kommission des Verbandes Schweizer Brükkenbau- und Stahlhochbau-Unternehmungen vom März 1944 mit Diskussionsbeilage;

2. Highway Bridge Floors, A Symposium by F. E. Richart, N. M. Newmark, C. P. Siess in Proceedings American Society Civil Engineers, March 1948, Part 1, Page 287 ff.

Schließlich findet man über die Stahlverbundbauweise mit vorgespannter Fahrbahntafel aus Stahlbeton die Mitteilung neuer Versuchsergebnisse im 2. Sonderheft des Bauingenieur vom August 1950. Eine grundlegende Arbeit von allgemeiner Bedeutung über Stahlbrücken im Verbund mit Stahlbetondruckplatten bei gleichzeitiger Vorspannung durch hochwertige Seile, die sowohl die vorgespannte Stahlbetontafel als auch das vorgespannte Verbundtragwerk zum Gegenstand hat, ist von F. Dischinger im Bauingenieur 24 (1949) S. 321 ff. und S. 364 ff. geliefert worden. Die Berechnung statisch bestimmter oder unbestimmter Verbundträger mit durch Spannstahl vorgespannter Betonplatte kann nach dem von B. Fritz entwickelten Verfahren vorgenommen werden, s. Der Stahlbau 20 (1951) S. 97 ff. Für die Bemessung vorgespannter Stahlbetonteile liegt der DIN-Entwurf 4227 „Vorgespannte Stahlbetonteile, Richtlinien für die Bemessung" vom April 1950 nebst ausführlichen Erläuterungen von H. Rüsch vor.

IV Stahlbetontafel.

Für die Herstellung der Brückentafeln aus Stahlbeton der in diesem Buch behandelten Brücken ist die „Anweisung für den Bau von Betonfahrbahndecken" (ABB) vom 1. 2. 1939, herausgegeben von der Direktion der Reichsautobahnen, sinngemäß anzuwenden. Außerdem gilt DIN 1075 „Massive Brücken, Berechnungsgrundlagen", soweit sie nicht mit der ABB in Widerspruch steht. Die nachstehenden Hinweise sind außerdem mit Vorrang vor den entsprechenden Bestimmungen der ABB und der DIN 1075 zu beachten.

Wie bereits erwähnt, hat die dem Straßenverkehr unmittelbar ausgesetzte Brückentafel aus Stahlbeton den grundlegenden Bedingungen der

Festigkeit, Frostbeständigkeit und Dichtigkeit

zu genügen. Sämtliche drei Eigenschaften stehen miteinander in wechselseitigen Beziehungen. Die nachstehenden Ausführungen zu diesen Problemen folgen in wichtigen Einzelheiten den Erkenntnissen, die M. Roš von der Eidgenössischen Materialprüfungs- und Versuchsanstalt Zürich in seinem Referat „Die Frostbeständigkeit des Portlandzementsbetons" vom 4. 9. 1941, sowie P. Herrmann, ehemals Leiter des Technischen Untersuchungsamts der Stadt Berlin, mitgeteilt haben.

Die statischen und konstruktiven Voraussetzungen für eine den obigen Anforderungen genügende Stahlbetonplatte sind im wesentlichen folgende:

a) Eine zutreffende Plattenberechnung.

b) Eine richtig bemessene und verteilte kreuzweise Bewehrung. Die damit verbundene hohe Rißsicherheit (Rißlast: Gebrauchslast) liegt etwa bei 2 bei gleichförmiger Belastung, über 1 bei Belastung durch schwere Einzellasten.

c) Eine über die ganze Brückenfläche fugenlose Fahrbahntafel aus Gründen der Dauerhaftigkeit, Dichtigkeit und einwandfreien Unterhaltung.

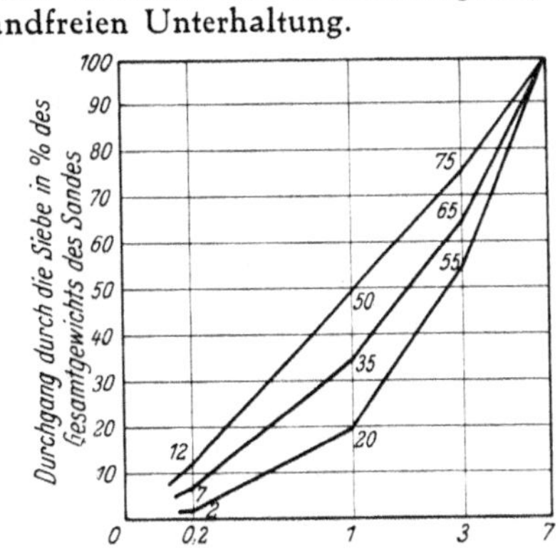

Abb. 10. Siebgrenzenbereich für Sand (aus ABB 1939, Bild 4, s. Straßenbau von A bis Z, Neue Ausgabe, Erich Schmidt Verlag Berlin, 52 — 1939, Blatt 5).

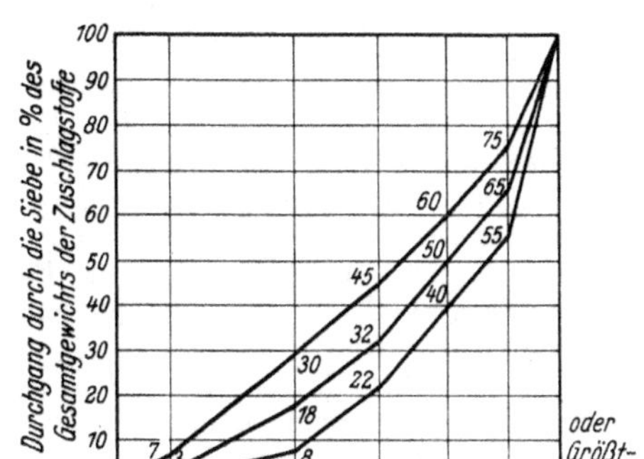

Abb. 11. Siebgrenzenbereich für das Gesamtgemenge der Zuschlagstoffe (mit Größtkorn bis 30 mm) (aus ABB 1939 Bild 5, s. Straßenbau von A bis Z 52 — 1939, Blatt 6).

In stofflicher Hinsicht sind außerdem folgende Grundbedingungen zu beachten:

d) Verwendung eines erstklassigen normengemäßen Portlandzements. Im allgemeinen ist Porlandzement 225 gemäß DIN 1164 zu verwenden. In besonderen Fällen ist auch Portlandzement 325 und 425 gemäß DIN 1164 zugelassen.

e) Zementzugabe von 300 bis 350 kg/m^3 fertigen Betons. Die Betongüte der Brückentafel muß derjenigen von Fahrbahndecken aus Beton entsprechen. Für Autobahnen und Bundesstraßen ist dies ein Beton B 400/45. Abschleifverlust des Betons $\leqq$ 0,3 cm = 15 cm^3 im trockenem Zustand im Alter von 6 Wochen gemäß DIN 52 108 abweichend von ABB, Abschnitt I B 2, Absatz 5.

f) Gesunde, an sich frostbeständige, von organischen und tonig-lehmigen Bestandteilen freie, sauber gewaschene Sand-Kies-Zuschlagstoffe. Raumgewicht des Gemenges etwa 2,0. Kornzusammensetzung nach den Sieblinien der ABB, Bild 4 und 5 — vgl. Abb. 10 und 11. Der untere Sieblinienbereich ist vorzugsweise bei Kiesbeton, der obere bei Splittbeton anzustreben. Auch bei Verwendung von Ausfallkörnungen — im Bereich zwischen 7 und 15 mm — muß der in Abb. 11 angegebene Sieblinienbereich eingehalten werden. Größte Korngröße der Zuschläge 30 mm wegen Lockerung, Herauslösen oder Kornzertrümmerung durch den Verkehr. Gebrochenes Sandmaterial und Zusätze von Steinmehl sind unzulässig.

h) Betonkonsistenz schwach plastisch — Wassergehalt ~ 7 Gew.-% — bis plastisch — Wassergehalt ~ 7,5 Gew.-% — bei Vermeidung jeder überflüssigen Anmachwassermenge. Bei mechanischer Verdichtung sowie bei plastifizierenden oder luftporenbildenden Zusätzen weitere Abminderung des Wassergehaltes.

i) Hohe Verdichtung des Betons — Raumgewicht $\geqq$ 2,45 —, ferner durchgreifende Verarbeitung des Betons möglichst durch Fertiger mit Rücksicht auf hohe Festigkeit und geringe Verformung. Gewöhnliche Wasseraufnahme $\leqq$ 4 Gew.%.

k) Reichliches Feuchthalten des Betons während des Abbindens, der ersten Zeit der Erhärtung und der nachfolgenden Dauer von 14 Tagen (vgl. auch ABB Abschnitt I, § 6 sowie DIN 1045 § 9 Ziffer 5). Dadurch Vermeidung von Schwindrissen.

l) Alter des Betons bei erster Frosteinwirkung möglichst nicht unter 90 Tagen, in Ausnahmefällen nicht unter 14 Tagen.

Bei Stahlbetontafeln von Brücken über Eisenbahngleisen und in Industriegebieten, wo schädliche Rauchgase einwirken, ist außerdem zum erhöhten Rostschutz der Stahleinlagen die Bewehrung kurz vor dem Einbringen des Betons mit Zementschlamm zu umhüllen und dann sofort, also vor dem Abbinden der Zementhülle, einzubetonieren. Dies Verfahren hat sich bewährt. Die Stahleinlagen erhalten dadurch einen erhöhten Rostschutz. Allgemein beträgt bei solchen gefährdeten Konstruktionen außerdem die Deckung der Stahleinlagen mindesten 4 cm. Selbstverständlich wird man an solchen Brücken über Eisenbahngleisen außerdem die Angriffsfläche der Rauchgase durch Rauchschutztafeln aus Holz oder aus Asbestzement oder durch bituminösen Aufstrich oder mittels beider Maßnahmen abdecken. Bei besonderer Gefährdung kann außerdem der Beton mit Erzzement, das ist ein langsam bindender, dunkel gefärbter Portlandzement aus Kreide, Eisenoxyd und Feuersteinpulver, fast frei von Tonerde, hergestellt werden.

Fahrbahnen dieser Art sind in den letzten beiden Jahrzehnten bei einer Reihe neuer bedeutender Straßenbrücken in Deutschland, den Vereinigten Staaten von Nordamerika und in der Schweiz mit gutem Erfolg ausgeführt worden.

In den Vereinigten Staaten wurden die größten und modernsten Straßenbrücken mit unmittelbar befahrenen Brückentafeln aus Stahlbeton versehen, so z. B. die Großbrücken

Triborough (Hängebrücke über den East-River in New York), Bauingenieur 17 (1936) S. 144, 18 (1937) S. 43 u. 229.

Ambassador (in Detroit).

Golden Gate (Hängebrücke über das Goldene Tor in San Franzisco), Bauingenieur 17 (1936) S. 99 u. 423.

San Franzisco Oakland Bay (Hängebrücke über die Bucht von San Franzisco), Bauingenieur 20 (1939) S. 161.

Bronx-Whitestone (Hängebrücke über den East River in New York), Bauingenieur 20 (1939) S. 512.

Henry Hudson NY, Bauingenieur 18 (1937) S. 137 u. 19 (1938) S. 652.

Die ungewöhnliche Größe dieser Bauwerke sowie der dichte und schwere Verkehr sprechen für die Leistungsfähigkeit der gewählten Fahrbahnbauweisen. In Deutschland findet man sie vorwiegend auf den Brücken der Autobahnen in verschiedenen Konstruktionsarten vertreten, z. B. als selbständige, auf der Abdichtung verlegte Deckenplatten, als zugleich freitragende Fahrbahntafeln oder als Zweistoffdecken in schubsicherer Verbindung mit Buckel- und Tonnenblechen. Auch hier wurden sehr bedeutende Bauwerke mit Stahlbetonfahrbahnen ausgerüstet, die unmittelbar den Straßenverkehr tragen. Denn auch bei großen Spannweiten der Hauptträger tritt die überlegene Wirtschaftlichkeit dieser Bauweise in Erscheinung. Fahrbahnplatten aus Stahlbeton auf stählernen Trägern wurden z. B. ausgeführt bei der Hängebrücke der Autobahn über den Rhein in Köln—Rodenkirchen [13], bei dem Kreuzungsbauwerk der Autobahn Köln—Bonn mit der Autobahn Köln—Aachen und bei der Überführung der Autobahn über die Straße 61 Gütersloh—Wiedenbrück (Westfalen). Verbundfahrbahnen aus Stahlbeton (durch die Stahlbetondecke versteifte weitgespannte Buckel- oder Tonnenbleche mit geringem Stich, etwa 1/20 l) findet man beim Sulzbach-Viadukt der Autobahn in Württemberg [14], bei der 1938 erbauten Autobahn-Havel-Brücke Werder westlich Berlin sowie bei der 1941 erstellten Straßenbrücke über die Weichsel bei Dirschau [15]. Alle diese Bauformen haben sich, wenn sie richtig bemessen wurden, trotz kriegsmäßiger Überbeanspruchungen und Verletzungen und trotz jahrelang aussetzender Unterhaltung ebenso bewährt wie die Betondecken auf dem Straßenkörper der Autobahnen. Ein wahrnehmbarer Verschleiß einwandfrei hergestellter Decken ist hier nach mehr als 10jähriger Benutzungsdauer nirgends festzustellen. So haben denn auch nach dem Krieg die unmittelbar befahrenen Betondecken auf Straßenbrücken des In- und Auslandes weitere Verbreitung gefunden, z. B. [16]. Man kann daher sagen, daß eine dauernde Haltbarkeit und Ebenheit gegenüber den Ansprüchen des Verkehrs bei den Stahlbetonfahrbahnen mit Vorsprung gegenüber allen anderen Deckenarten auf den Brücken gewährleistet ist, zumal wenn sie zugleich als konstruktive Bestandteile des Brückentragwerks richtig entworfen werden.

Als Verschleißschicht gibt man 2 bis 3 cm zur statisch genutzten Plattendicke d hinzu. Darüber hinaus ist ein zusätzlicher Belag aus Hartgußasphalt im allgemeinen nicht weiter erforderlich. Ausnahmen sind jene Fälle, wo Straßenbahngleise mit niedriger Brückenschiene (Abb. 12) in einer 6 cm hohen Asphaltdecke eingebaut werden müssen oder wo unter einem besonders rauhen und verschleißenden Fahrverkehr (z. B. in Fabrikgegenden oder in großstädtischen Hauptverkehrsstraßen) die obengenannte Dicke der Betonverschleißschicht auf der tragenden Fahrbahnplatte allein auf die Dauer nicht ausreichend erscheint. Im letzteren Fall genügen doppelte Hartgußasphaltbeläge nach DIN 1995 und 1996 von $2 \cdot 2{,}5$ cm oder $2 \cdot 3{,}0$ cm Dicke. Statt der unteren Lage kann ein 3 cm dicker Walzasphaltbinder angeordnet werden. Er ist besonders dann am Platze, wenn aus der Stahlbetontafel noch Feuchtigkeit verdampft. Ein solcher nicht geschlossener Binder verhindert Blasen und Risse in Deckenbelag und wirkt außerdem stoßdämpfend. Der bituminöse Belag ist erst nach sorgfältiger Reinigung und Voranstrich der Stahlbetonunterlage mit Bitumenlösung aufzubringen; außerdem muß er zur Vermeidung von Rissen feldweise verlegt werden mit Fugen aus einer zugelassenen Fugenvergußmasse gemäß DIN 1996. Eine zuverlässig dichtende Wirkung besitzen solche Hartgußasphaltbeläge nicht.

Einschichtige Decken dieser Art von 2,5 cm Dicke sind nur als Notbehelf anzusehen. Unter schwerem Verkehr zeigen sie keinen langen Bestand.

Abgesehen bei selbständigen, schubfrei über einer Abdichtung verlegten Deckenplatten sollte man Straßenbahngleise nicht in der, sondern immer auf der tragenden, hochbeanspruchten Fahrbahntafel aus Stahlbeton verlegen, um Unterbrechungen, Kerben und plötzliche Kraftumleitungen in ihr zu vermeiden. Dies bedingt eine zusätzliche Decke aus Hartgußasphalt bei 6 cm hoher, in der Brückentafel verankerter und auf ihr elastisch gelagerter Straßenbahnschiene (Abb. 12). Auf einem etwa 20 cm dicken Unterbeton elastisch gelagerte und in ihm verankerte Straßenbahngleise sind in großstädtischen Verkehrsstraßen — z. B. in Berlin — oft und mit gutem betrieblichen Erfolg verlegt worden [17].

Aus der Schweiz sind die guten Erfahrungen von besonderem Wert, die R. Maillart über unmittelbar dem Verkehr ausgesetzte Fahrbahntafeln aus Stahlbeton in der Schweizerischen Bauzeitung 112 (1938), Nr. 23 veröffentlicht hat. Ein Auszug aus der Abhandlung „Über Eisenbetonbrücken mit Rippenbögen unter Mitwirkung des Aufbaues" sei hier wegen grundsätzlicher Feststellungen wörtlich wiedergegeben. Den Ausführungen wird um so größeres Gewicht beizumessen sein, als die Maillartschen Konstruktionen äußerst kühn und wirtschaftlich entworfen sind, also dem Stoff und der Form die höchste Nutzleistung abzuverlangen pflegen. Es heißt in dem erwähnten Aufsatz: „Fahrbahn- und Gehwegplatten sind über die Längswände quergespannt, so daß sie als Bestandteile des Haupttragwerkes statisch voll ausgenützt werden können. Sie werden ohne jeglichen Belag direkt befahren und begangen, wobei im Hinblick auf Abnützung lediglich die Fahrbahn eine Mehrstärke von 2 cm erhalten hat. Diese einfache Bauweise hat sich bei mehreren Ausführungen schon jahrelang bewährt, indem weder Rißbildung noch nennenswerte Abnützung festzustellen ist. Der Wegfall des Fahrbahnbelages bedeutet nicht nur eine Ersparnis an sich, sondern auch eine solche durch Verminderung des Eigengewichts, was bei so flachgespannten Tragwerken viel ausmacht. Natürlich fallen dann auch alle kostspieligen und meist auch vergänglichen Dichtungsschichten weg. Sie sind insofern unnütz und sogar schädlich, als sie den Beton hindern, Feuchtigkeit aufzunehmen. Feuchtigkeit ist aber dem Beton günstig und bewirkt eine Verminderung und teilweise Rückgängigmachung des Schwindens. Überall da, wo vorzüglicher Beton verwendet wurde, sind trotz Einfluß von Feuchtigkeit Frostschäden bei Bauwerken auch in großer Höhenlage nie beobachtet worden. Daß die Betonfahrbahn zum Befahren die beste ist, wird heute allgemein anerkannt, und es liegt deshalb nahe, sie zu benützen, wenn die Konstruktion sie anbietet. Die Entwässerung der Oberfläche erfolgt durch eine größere Anzahl kleiner, am Fahrbahnrand einbetonierter Röhren, die sich dank dem Zwischenraum der Tragwerke direkt in den Fluß entleeren."

Aus der Gesamtheit der vorstehenden Ausführungen wird man die Überzeugung gewinnen, daß die unmittelbar dem Verkehr ausgesetzte Fahrbahntafel aus Stahlbeton ihre Bewährungsprobe unter mannigfaltigen und schweren Bedingungen erfolgreich bestanden hat. Es sind dabei so wesentliche technische und wirtschaftliche Vorzüge in Erscheinung getreten, daß diese Bauart künftig als Regelform angestrebt werden kann. Sie verlangt lediglich, aber grundsätzlich einen festen und dichten Stahlbeton mit möglichst wenigen Arbeits- und Baufugen. Wenn konstruktiv möglich, sind sie ganz zu vermeiden. Eine wirksame Entwässerung der Brückenoberfläche durch reichliche, sorgfältig ausgeführte Gefälle und richtig verteilte Regeneinläufe ist aus Gründen der Sauberkeit der Fahrbahn ohnehin geboten und als zusätzliche Sicherung gegen

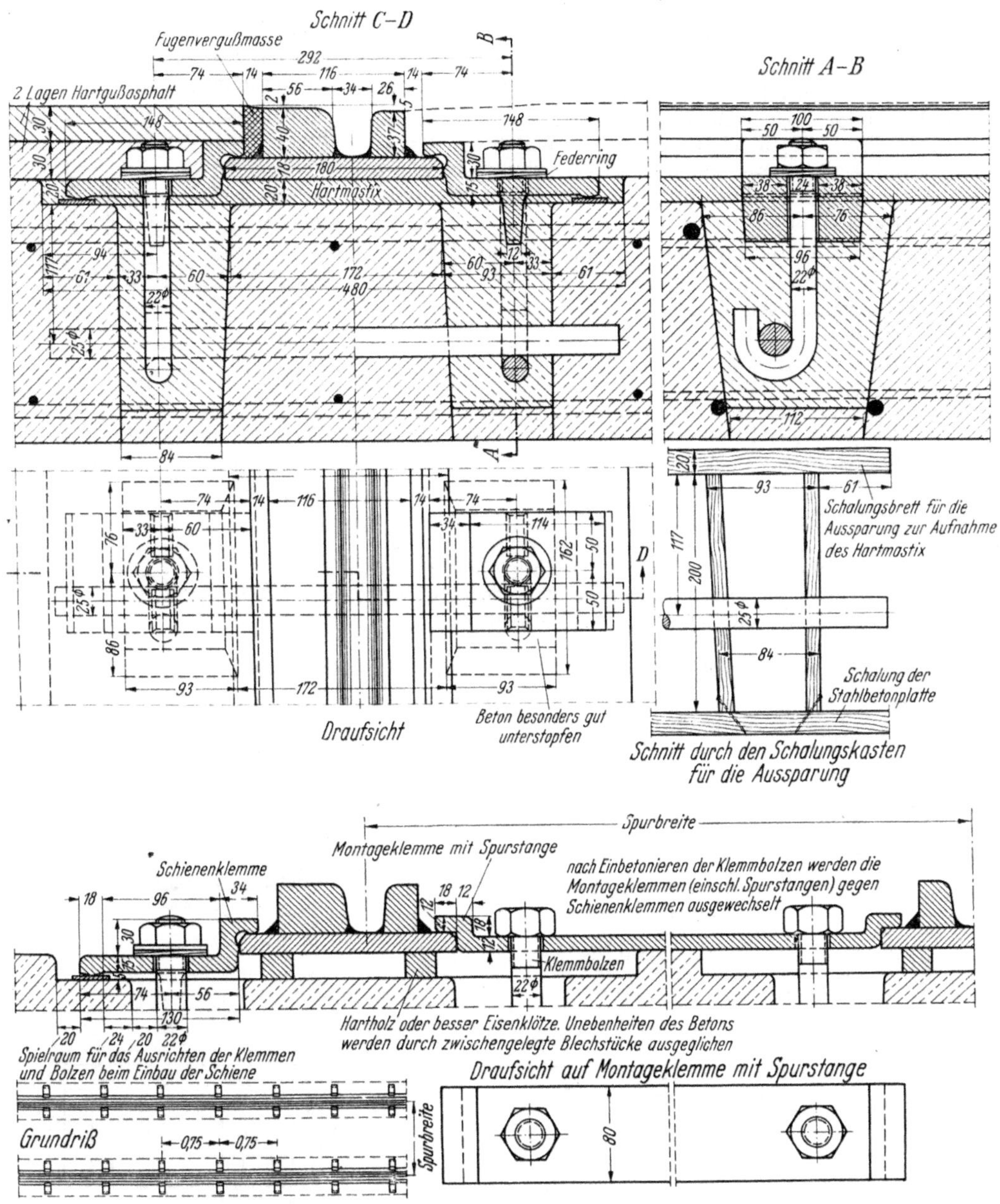

Abb. 12. Blockschiene der Straßenbahn.

ein Durchsetzen der Fahrbahntafel mit schädlichen Schmutzwässern willkommen. Diese Maßnahme ist unerläßlich, wo Fugen in der Fahrbahn angeordnet werden müssen, von denen trotz einwandfreien Fugenvergusses das Wasser schnellstens abgeleitet werden muß. Selbst wenn aber die Brückentafel irgendwo infolge von Mängeln der Ausführung durchlässig sein sollte, so wird ein neutrales Wasser an dem weitmaschigen, luftigen, fugenlos geschweißten und sachgemäß angestrichenen Stahlkreuzwerk der Regelformen keine Angriffsstellen vorfinden.

V Regelformen.

1 Kennzeichen und Gültigkeit.

Als Regelbauweise für Straßendeckbrücken, die für langdauernden Gebrauch bestimmt sind, werden Plattenkreuzwerke vorgesehen, die aus einem Walzträger-Kreuzwerk und einer damit längs und quer schubfest verbundenen, kreuzweise bewehrten, unmittelbar befahrenen Stahlbetontafel bestehen (Abb. 2).

Bei diesen Plattenkreuzwerken sind veränderlich:

1. Verkehrsbreiten,
2. Brückenklassen,
3. Hauptträgerzahl,
4. Trägerhöhe,
5. Trägerquerschnitt,
6. Verbindungsmittel (Schweißung oder Nietung),
7. Trägermaterial,
8. Plattendicke,
9. Straßenbelag,
10. Brückenschiefe.

Die große Zahl der möglichen Kombinationen aus obigen 10 Bedingungen muß zur Herstellung eines Typenwerkes durch Vereinheitlichung erheblich verringert werden. Diese erstreckt sich auf folgende Punkte:

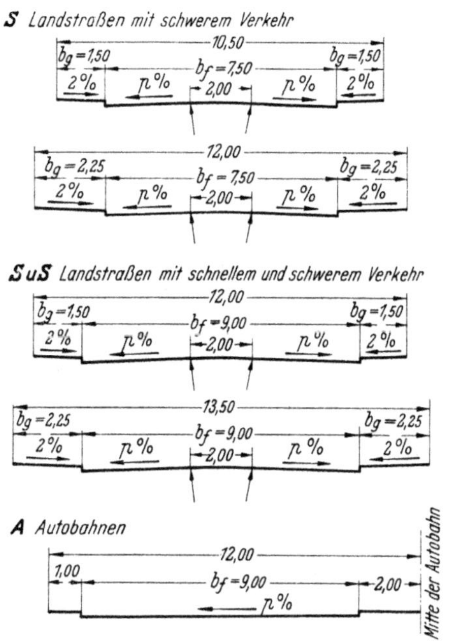

Abb. 13. Verkehrsbreiten auf den zweispurigen Typenbrücken.

Fahrbahnquergefälle p:
Betondecke p = 1,5 %; bei Längsgefällen von 3 bis 6 % ist p = 1,0 %;
bituminöse Decke p = 2 %; bei Längsgefällen über 6 % ist p = 1,0 %;
Pflasterdecke p = 2 %;
Gehbahnquergefälle p = 2 %.

1. Verkehrsbreiten. Den gewählten Verkehrsbreiten liegen zugrunde die gegenwärtigen und künftig zu erwartenden Verkehrsansprüche, die lange Lebensdauer der Überbauten, ferner bei den Autobahnbrücken die vorhandenen bewährten Maße. Es werden folgende Verkehrsbreiten berücksichtigt (Abb. 13):

a) Regelbreiten für zweispurige Straßenbrücken mit schwerem Verkehr — Brückentyp S —
1,5 — 7,5 — 1,5 m,
2,25 — 7,5 — 2,25 m;

b) Regelbreiten für zweispurige Straßenbrücken mit schnellem und schwerem Verkehr — Brückentyp SuS —
1 5 — 9,0 — 1,5 m,
2,25 — 9,0 — 2,25 m;

c) beliebige Breiten für Straßenbrücken — kleinste Fahrbahnbreite 6 m für zweispurige Landstraßenbrücken mit leichtem Verkehr;

d) Regelbreiten für Autobahnbrücken einer Fahrtrichtung — Brückentyp A —
1,0 — 9,0 — 2,0 m.

Die Anordnung der Verkehrsspuren zeigt Abb. 14, ihre Regelbreiten sind Tabelle 3 zu entnehmen:

Tabelle 3. Regelbreiten der Verkehrsspuren*

Bezeichnung der Verkehrsspur	Fahrzeugbreite m	Beiderseitiger Bewegungszuschlag Fahrspur m	Standspur m	Regelbreite der Verkehrsspur Fahrspur m	Standspur m
1	2	3	4	5	6
SuS—Spur	2,50	1,00	0,25	4,50	3,00
S—Spur	2,50	0,625	0,25	3,75	3,00
L—Spur	2,00	0,50	0,25	3,00	2,50
R—Spur	0,50	0,25		1,00	
F—Spur	0,50	0,125		0,75	

Entsprechend RBL.: „Richtlinien für die Bemessung von Landstraßen", Entwurf 1951.
R = Radfahrer
F = Fußgänger

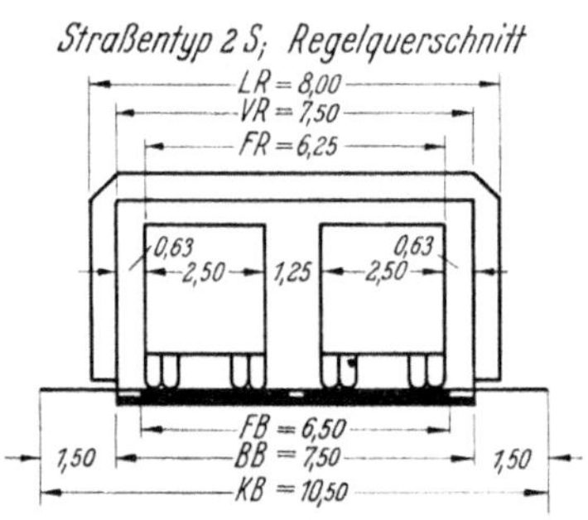

a) Mögliche Leistungsfähigkeit 1600 PKW/Std
Praktische Leistungsfähigkeit 675 PKW/Std

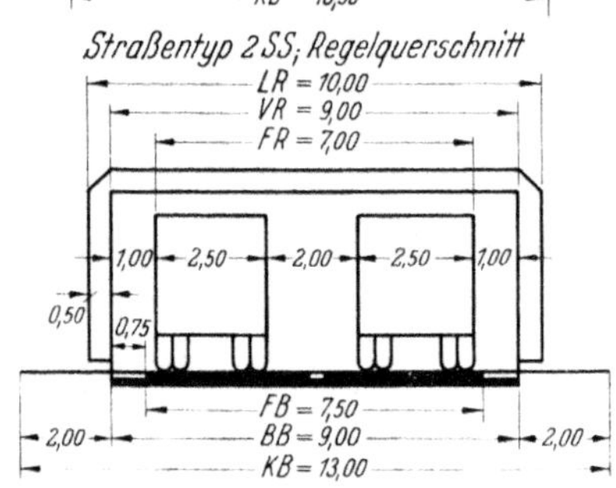

b) Mögliche Leistungsfähigkeit 2000 PKW/Std
Praktische Leistungsfähigkeit 900 PKW/Std
(Schnellverkehr 350 PKW/Std)

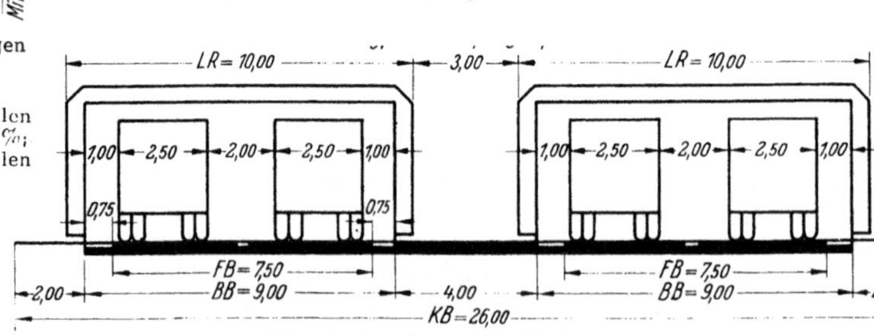

c) Mögliche Leistungsfähigkeit 8000 PKW/Std
Praktische Leistungsfähigkeit 3600 PKW/Std
(Schnellverkehr 1400 PKW/Std)

Abb. 14. Anordnung der Verkehrsspuren.
LR = Lichtraumbreite
VR = Verkehrsraumbreite
FR = Fahrzeugraumbreite
FB = Fahrbahnbreite
BB = Befestigte Breite
KB = Kronenbreite

Es bedeuten:

SuS schneller und schwerer Verkehr,
S schwerer Verkehr,
L leichter Verkehr,
R Radfahrverkehr,
F Fußgängerverkehr.

Für eingleisige Schnellbahnen gilt die SuS-Fahrspur, für eingleisige Straßenbahnen die S-Fahrspur. Bei Doppelgleisen ist der Gleisabstand von 3,00 m anzusetzen und im übrigen sinngemäß zu verfahren.

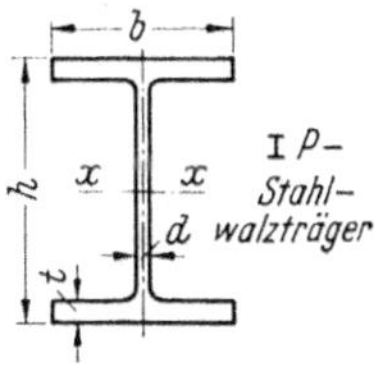

Tabelle 4.
Übersicht über die verwendeten Träger.

Bezeichnung		Abmessungen mm				Querschnitt	Gewicht	Für die waagrechte Schwerachse	
		h	b	t	d	F cm²	G kg/m	I_x cm⁴	W_x cm³
IP	40	400	300	26	14	209	164	60 640	3 030
	60	600	300	32	17	289	227	180 800	6 030
	80	800	300	34	18	342	268	366 400	9 160
	100	1000	300	36	19	400	314	644 700	12 900
	120*	1200	300	34	18	414	325	930 780	15 510

* Zusammengesetzt aus 2 Halbprofilen IP 80 mit dazwischen eingeschweißtem Stegblech.

Tabelle 5. Übersicht über die Typenformen.
Typenbereich S und SuS
Typenbereich A mit Randträgerabstand $l_Q = 10{,}50$ m.

	Typenform	a	b	c
RT = Randträger	RT	IP 80	IP 100	IP 120
MT = Mittelträger	MT	IP 60	IP 80	IP 100
LQT = lastverteilende Querträger	LQT	IP 40*	IP 60	IP 60
EQT = Endquerträger	EQT	IP 40	IP 40	IP 60*

* Ausnahmen siehe Tabelle 10.1.

2. Brückenklassen. Es wird die Brückenklasse I DIN 1072 — 6. Ausgabe, September 1944 — mit Cl 40 und die Brückenklasse IA DIN 1072 mit Cl 70 zusammengefaßt (Abb. 15). Über das Verhältnis der obigen Belastungsannahmen zu denen des Normblattentwurfes DIN 1072 vom Dezember 1950 „Straßen- und Wegbrücken, Belastungsannahmen" s. Abschnitt 2.4.

3. Hauptträgerzahl. Es werden drei bis acht Längsträger in jeweils gleichen Abständen verwendet.

4. Trägerhöhe. Es werden Hauptträgerhöhen zwischen 60 und 120 cm in einer Staffelung von 20 cm vorgesehen. Diese Staffelung paßt sich auch dem Bauhöhenunterschied zwischen Gehbahn und Fahrbahn an.

5. Trägerquerschnitt. Es werden Walzträger IP über die Bauwerkslänge und -breite gleichbleibenden Querschnitts verwendet (Tabelle 4).

6. Verbindungsmittel. Im Regelfall wird das stählerne Kreuzwerk geschweißt, es können jedoch auch Nietkonstruktionen verwendet werden.

7. Trägermaterial. Es werden die beiden Stahlsorten St 37 und St 52 verwendet.

8. Plattendicke. In Abhängigkeit vom Hauptträgerabstand und von der Brückenklasse werden die Plattendicken mit 18 bis 28 cm in einer Staffelung von 2 cm festgelegt.

9. Straßenbelag. Es werden bituminöse Deckenbeläge bis 6 cm Dicke für Sonderfälle der Verkehrsbeanspruchung vorgesehen. Das Tragwerk wird für den jeweils ungünstigsten Fall bemessen (Abb. 16).

a) Brückenklasse I nach DIN 1072 — 6. Ausgabe, Sept. 1944

	Dampfwalze	Lastkraftwagen	Menschengedränge
Vorderrad	10 t	2 t	0,500 t/m²
Hinterrad	7 t	4 t	
Gesamtgewicht	24 t	12 t	
DIN-Spur (b = 2,5 m)	1	2 u. 3	Restflächen

Schwingbeiwerte für die Kreuzwerkberechnung nach DIN 1073, für die Plattenberechnung nach DIN 1075

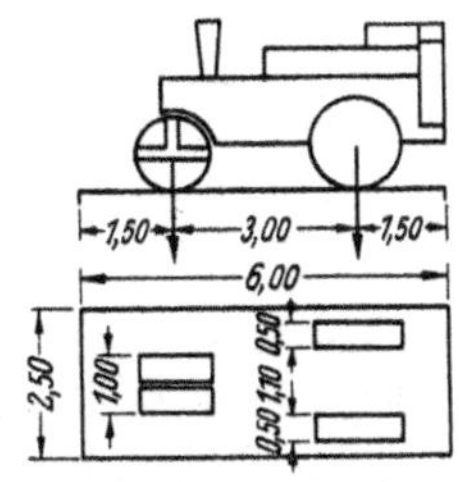

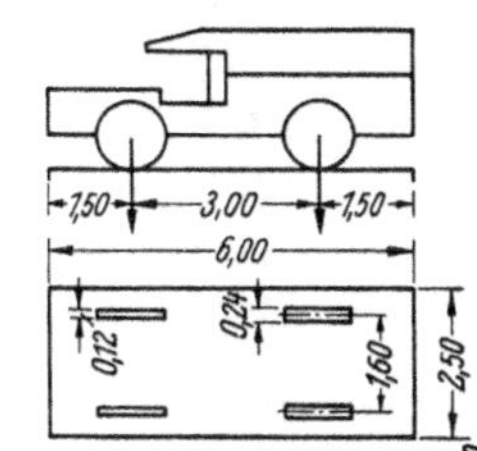

b) Brückenklasse IA nach DIN 1072

Wie unter a), jedoch tritt für die Brückenklasse IA an die Stelle der Dampfwalze, soweit das ungünstiger ist, ein Raupenfahrzeug von 40 t Gesamtgewicht gemäß nebenstehendem Bild.

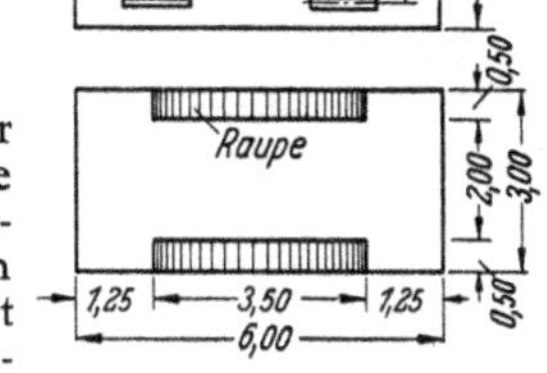

c) Brückenklasse Cl 40 und Cl 70

Gleiskettenfahrzeuge in 25 m Abstand — gemessen von Mitte zu Mitte Fahrzeug — in jeder Spur.

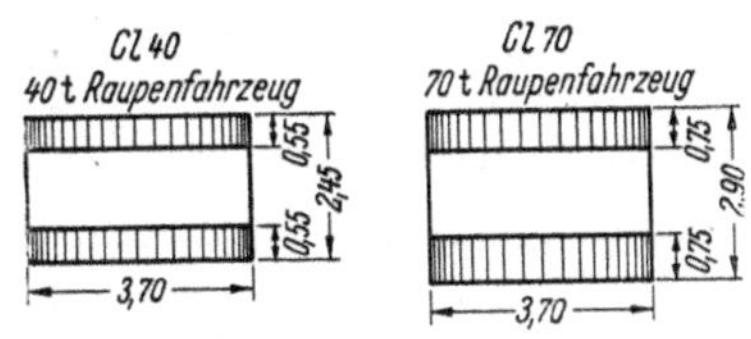

Schwingbeiwerte für die Kreuzwerkberechnung $\varphi = 1{,}1$ für die Plattenberechnung $\varphi = 1{,}25$

Normalstellung: 2 Fahrzeuge voll außenmittig — soweit ungünstiger, 1 Fahrzeug in beliebiger Stellung.

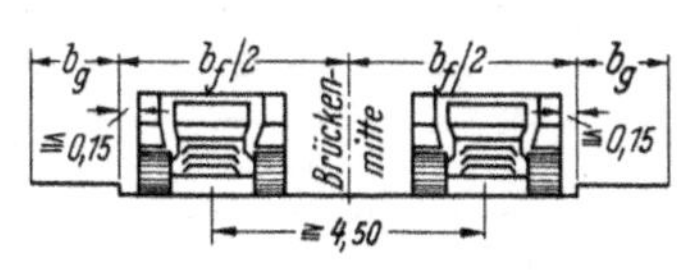

Abb. 15. Regellasten.

10. Brückenschiefe. Die lastverteilenden Querträger werden gleichlaufend zu den Widerlagern angeordnet. Damit können die schiefen Brücken konstruktiv und rechnerisch auf die geraden Brücken zurückgeführt werden (Abb. 17).

Zur Erleichterung der Verständigung erhalten die Brückentypen folgende Kurzbezeichnungen aus drei Gliedern:

1. Großbuchstabe nach der vorherrschenden Verkehrsart,
2. Ziffer nach der Anzahl der Hauptträger,
3. Kleinbuchstabe nach der Wahl der Profile.

Es sind zu unterscheiden:

zu 1. die Typenbereiche
S Straßenbrücken mit schwerem Verkehr,
SuS Straßenbrücken mit schnellem und schwerem Verkehr,
A Autobahnbrücken.

zu 2. die Typenreihen 3 bis 8,

zu 3. die Typenformen a bis c.

Tabelle 6. Übersicht über die Typenbezeichnungen.

Die im Raster vermerkten Regelformen sind berechnet und bemessen worden je besonders für

a) die Typenreihen S, SuS und A,

b) die Stahlsorten St 37 und St 52,

c) die Lastenklassen gemäß DIN 1072: Klasse I (Cl 40) und Klasse IA (Cl 70),

d) die Gehbahnbreiten b_g = 1,5 m und 2,25 m.

Trägerzahl n	Walzträger Mittelträgerhöhe h in cm		
	60	80	100
3	3a	3b	3c
4	4a	4b	4c
5	5a	5b	5c
6	6a	6b	6c
7	7a	7b	7c
8	8a	8b	8c

Durch Abb. 18 und die Tabellen 3 bis 6 werden die gewählten Kurzbezeichnungen im einzelnen veranschaulicht. Abb. 18 zeigt die Brückentypen der einzelnen Typenbereiche, die Tafeln 4, 5 und 6 bringen die Übersichten über die verwendeten Trägerprofile, Typenformen und das gesamte Typensystem der Regelformen.

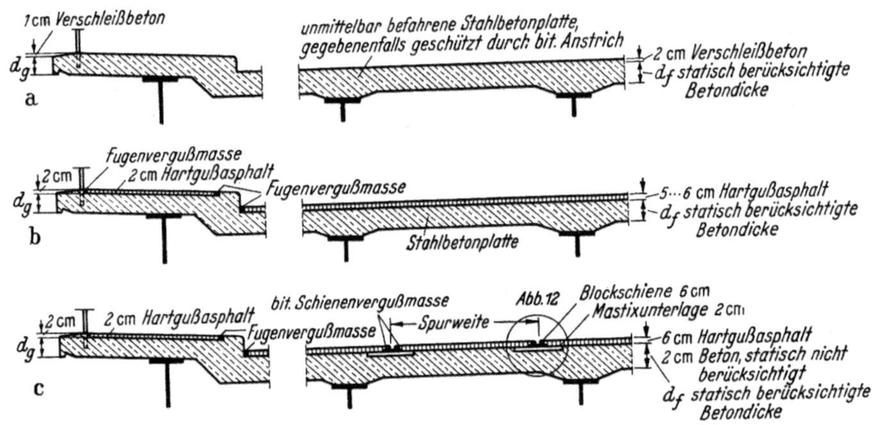

Abb. 16. Fahrbahndecken der Regelformen.

Abb. 17. Schiefe Brücken, Anordnung der Querträger.
Bezeichnungen: RT = Randträger,
MT = Mittelträger,
LQT = lastverteilender Querträger,
EQT = (lastverteilender) Endquerträger.

Der Brückentyp S 3a stellt also eine Brücke mit folgenden Abmessungen dar:

Fahrbahnbreite b_f = 7,50 m,
3 Hauptträger,
Profilwahl a mit RT (Randträger) aus IP 80,
MT (Mittelträger) aus IP 60,
LQT (lastverteilende Querträger) aus IP 40,
EQT (Endquerträger) aus IP 40.

Sämtliche Brückentypen jeden Bereichs werden für folgende Merkmale entwickelt:

1. zwei Brückenklassen,
2. zwei Stahlsorten,
3. zwei Gehbahnbreiten.

Für diese Merkmale werden keine besonderen Kurzbezeichnungen eingeführt.

Die vereinheitlichten Brückentypen werden Regelformen genannt. Für sie sind die statischen Untersuchungen durchgeführt und die Ergebnisse in Bemessungstafeln zusammengefaßt worden.

Aus dem Vergleich der Ergebnisse der einzelnen Typenbereiche lassen sich Möglichkeiten zur Abwandlung der Regelformen auf beliebige Verkehrsbreiten gewinnen.

Diese Regelformen der Plattenkreuzwerke und ihre Abwandlungen auf beliebige Verkehrsbreiten sind durch folgende Vorzüge gekennzeichnet:

a) durch einheitlichen und trotzdem an alle vorkommenden Straßenverhältnisse leicht anpassungsfähigen Aufbau aus wenigen genormten Bauelementen (Walzträger und Betonstahl),

b) durch leichtes Gewicht, große Steifigkeit und hohe Tragfähigkeit,

c) durch geringen Umfang der Schweißarbeiten,

d) durch erleichterte Aufstellung von Festigkeitsnachweisen und konstruktiven Entwürfen,

e) durch einfache, immer wiederkehrende Werkstatt- und Bauarbeiten sowie die dadurch bewirkte Beschleunigung und Verbilligung der Bauausführung und

f) durch die Möglichkeit, einheitliche größere Walzprogramme zusammenzustellen.

Die im Auftrag des Bundesministers für Verkehr, Abteilung Straßenbau, durch Dr.-Ing. Homberg, Hagen in Westfalen, aufgestellten Festigkeitsnachweise der in Tabelle 6 bezeichneten Regelformengruppen befinden sich bei der vorstehend genannten Behörde. Sie stehen dort zur Einsichtnahme zur Verfügung. Die auf Grund dieser Berechnungen zusammengestellten Bemessungstafeln und Musterunterlagen ermöglichen von vornherein eine zutreffende Bemessung der Bauteile und ihrer Anschlüsse bei den hier beschriebenen Regelformen und ihren Abwandlungen. Unter Benutzung der angegebenen Bemessungswerte und Konstruktionsmuster lassen sich unmittelbar die endgültigen Festigkeitsnachweise und Bauzeichnungen für den Einzelfall anfertigen, die erstgenannten an Hand einer der diesbezüglichen Theorien unter Beachtung des jeweiligen Entwicklungsstandes der maßgebenden technischen Baubestimmungen (z. B. DIN 1072, 4227, Vorläufige Richtlinien für die Bemessung von Verbundträgern usw.).

2 Entwurfs- und Berechnungsgrundlagen.

2.1 *Allgemeine Grundlagen.*

Die Regelformen der Typenbereiche S und SuS für Straßenbrücken sowie A für Autobahnbrücken sind für den Fahrverkehr zweispurig. Sie nehmen mit den angegebenen Fahrbahnbreiten auf den zunehmenden schweren Lastkraftwagenverkehr, auf die wachsenden Fahrzeugbreiten sowie auf die sich erhöhenden Verkehrsgeschwindigkeiten während der verhältnismäßig langen Lebensdauer der Brücken Rücksicht, ferner auf die Möglichkeit, in den üblichen Krümmungen ohne Fahrbahnverbreiterung auszukommen, und schließlich auf das Gebot der Verkehrssicherheit, jede Einschnürung des Verkehrsraumes der freien Strecke zu vermeiden. Wo letztere mit einer größeren befestigten Breite als die Regelformen ausgebaut ist oder wird, ist dieser größeren Breite durch entsprechende Abwandlung der Regelformen Rechnung zu tragen (siehe Abschnitt 3.109).

Die planmäßige Brückengradiente ist in waagrechter oder beinahe waagrechter Strecke wegen der Entwässerung des Überbaues parabolisch mit einem Stich $f \sim$ in $l/500$ Mitte der Stützweite dauernd zu überhöhen; in geneigter Strecke fällt die planmäßige Brückengradiente mit der Straßenneigung zusammen.

Da die Regelformen meistens beim Wiederaufbau und bei der Erneuerung Verwendung finden, sind sie mit dem Quer- und Längsgefälle der Fahrbahn den vorhandenen örtlichen Gegebenheiten anzupassen, ebenso mit den Breiten unter Benutzung der zulässigen Abwandlungen.

Im allgemeinen sollte indessen das Quergefälle der Fahrbahnoberfläche aus Stahlbeton — sattelförmig mit Scheitelausrundung oder einseitig — betragen (vgl. Abb. 13):

1,5 bis 2 % für die Regelformen S und SuS,

1,5 % für die Regelform A entsprechend der bei Autobahnen üblichen Anlage.

Das nach innen gerichtete Quergefälle der Gehbahnen beträgt in allen Fällen 2 %. Für Brücken in Krümmungen und Übergangsbögen gelten zur Zeit die diesbezüglichen Bestimmungen der „Vorläufigen Richtlinien für den Ausbau der Landstraßen" (RAL) bzw. die „Vorläufigen Anweisungen für die Durchführung der Bauarbeiten bei den Reichsautobahnen: Nr. 3 Trassierungsgrundsätze".

Das Plattenkreuzwerk läßt sich bei gleicher Höhenlage der einzelnen Stahlträger im allgemeinen ohne Schwierigkeit mittels Aufstelzungen der Stahlbetontafel dem jeweiligen Quer- und Längsgefälle der Straße anpassen. In sehr engen Straßenkrümmungen sind zweckmäßig Kreuzwerke mit entsprechend gebogenen Trägern auszuführen. Dabei lassen sich etwa noch erforderliche Fahrbahnerweiterungen ohne weiteres im Weg der Abwandlung aus den Regelformen bewirken.

Die Bauhöhe des Tragwerks wird unter dem höchsten Punkt der Fahrbahn gemessen. Sie setzt sich wie folgt zusammen aus der

1. Trägerhöhe der Stahlträger h_T;
2. Schrägenhöhe der Stahlbetontafel d_s - vgl. Abb. 13;

$$d_s = 3\text{ cm} + \frac{p\,\%}{100} \cdot b_f \quad \text{beim Typenbereich A.}$$

$$d_s = 3\text{ cm} + \frac{p\,\%}{100} \cdot \frac{b_f}{2} \quad \text{bei den Typenbereichen S und SuS.}$$

3. statische Plattendicke d;
4. Verschleißdicke oder Verschleißdecke d_v.

Der Bereich der Stützweiten der in den nachstehenden Tabellen dargestellten Regelformen — Tragwerke auf zwei Stützen — liegt zwischen etwa 10 und 30 m. Bei durchlaufenden Plattenkreuzwerken dürfen die vergleichbaren erreichbaren Stützweiten der Seitenöffnungen bis zum 1,2fachen, die der Mittelöffnungen bis zum 1,4fachen der Stützweite der freiaufliegenden Brücken betragen.

2.2 *Baustoffe und Gütezahlen.*

Die für die Regelformen verwendeten Bauelemente gehen aus Abb. 18 hervor.

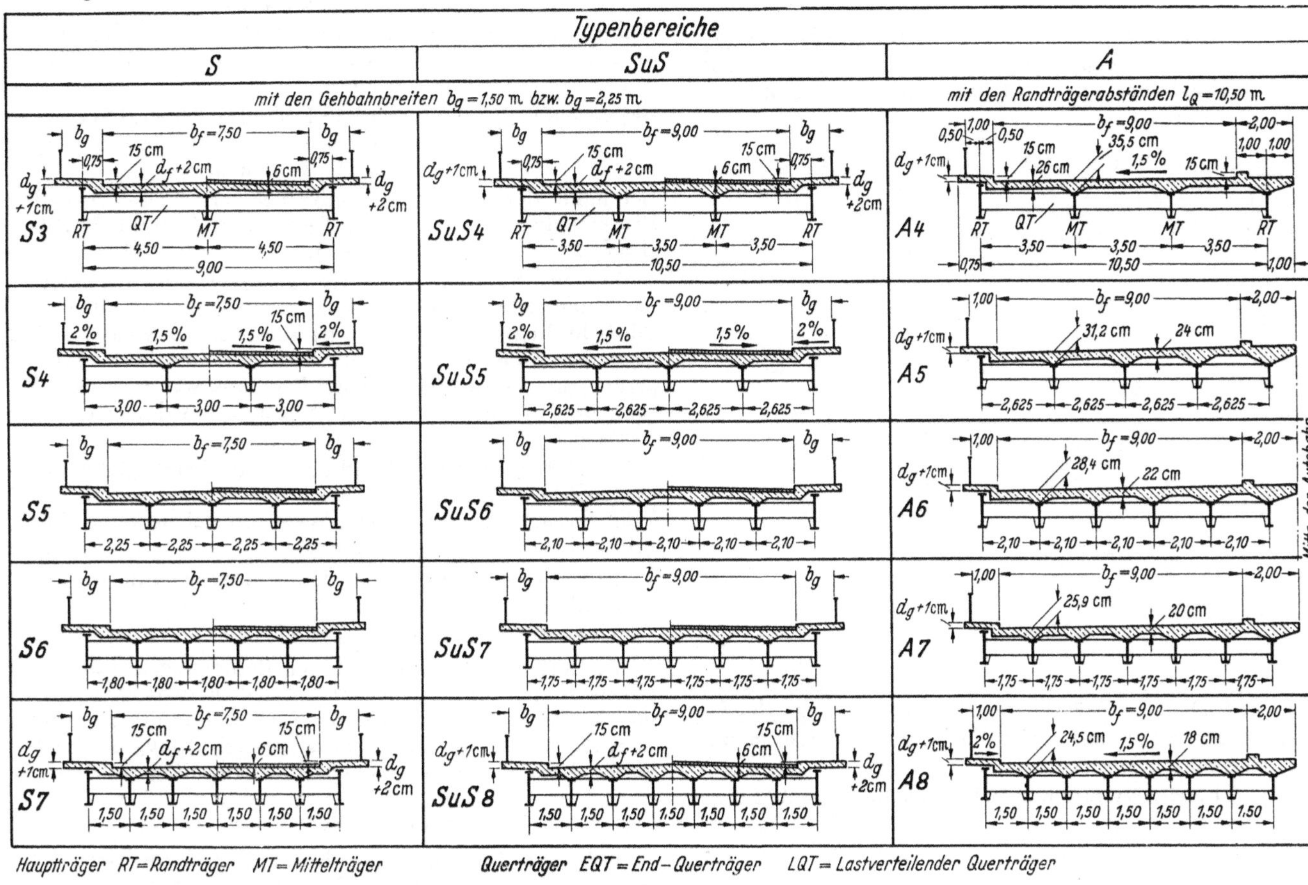

Abb. 18. Typenbereiche.

Güte der Werkstoffe und der Herstellung:

1. Geschweißtes stählernes Kreuzwerk.

St 37.12	Normalgüte nach DIN 1612 und 1621.
St 37.21 (beide in Schweißgüte)	Thomasstahl, jedoch nicht dicker als 50 mm, bei Breitflachstählen, Gurtplatten mit Stegansatz, Nasenprofilen und dgl. nicht dicker als 25 mm, bei Blechen nicht dicker als 20 mm (vgl. DIN 4101 § 2 Ziffer 1); sonst Siemens-Martin-Güte, jedoch nicht dicker als 50 mm (vgl. DIN 1612 Abschnitt A und DIN 4101 § 6 Ziffer 8).
St 52 (Schweißgüte)	Siemens-Martin-Güte gemäß den „Technischen Lieferbedingungen für Baustahl St 52" (Nr. 918 156) und dem zugehörigen „Vorläufigen Nachtrag I" der Deutschen Bundesbahn, jedoch nicht dicker als 50 mm (vgl. DIN 4101 § 6 Ziffer 8).

Dicke Gurtplatten aus St 37.12 oder St 52	Werden Gurtplatten, auch solche mit Stegansätzen usw., verwendet, die 30 mm dick und dicker sind, so müssen diese den Sondervorschriften der Deutschen Bundesbahn für dicke Gurtplatten entsprechen (feinkörniges Gefüge, Normalglühen).
Stg 52.81 S oder St 52 (Schweißgüte)	Einheitslager für Auflagerdrücke von 50 t bis 100 t (s. Tabellen 7 und 14).

Tabelle 7.1. Lagergrößen für t. Typenbereich S. Gehbahnbreiten $b_g = 1{,}50$ m und $b_g = 2{,}25$ m. | Bemessungs-Tabelle 7.1

Brückenklasse I (Cl 40)				Brückenklasse IA (Cl 70)			
Typenform	a	b	c	Typenform	a	b	c
Hauptträger St 37							
S 3				S 3			100 t
S 4		75 t		S 4			75 t
S 5				S 5			
S 6		50 t		S 6		50 t	
S 7				S 7			
Hauptträger St 52							
S 3			100t	S 3		100 t	
S 4				S 4			
S 5		75 t		S 5		75 t	
S 6		50 t		S 6		50 t	
S 7				S 7			

Tabelle 7.2. Lagergrößen für t. Typenbereich SuS mit Gehbahnbreiten $b_g = 1{,}50$ m und $b_g = 2{,}25$ m. | Bemessungs-Tabelle 7.2

Typenbereich A mit Randträgerabstand $l_Q = 10{,}5$ m.

Brückenklasse I (Cl 40)				Brückenklasse IA (Cl 70)			
Typenform	a	b	c	Typenform	a	b	c
Hauptträger St 37							
SuS 4, A 4				SuS 4, A 4			
SuS 5, A 5			75 t	SuS 5, A 5			75 t
SuS 6, A 6				SuS 6, A 6			
SuS 7, A 7	50 t			SuS 7, A 7		50 t	
SuS 8, A 8				SuS 8, A 8			
Hauptträger St 52							
SuS 4, A 4				SuS 4, A 4			100 t
SuS 5, A 5				SuS 5, A 5			
SuS 6, A 6			75 t	SuS 6, A 6			75 t
SuS 7, A 7	50 t			SuS 7, A 7		50 t	
SuS 8, A 8				SuS 8, A 8			

Schweißdrähte	Ummantelte Schweißstäbe wegen kerbmilder Oberfläche mit Eignung für flache und hohle Kehlnähte sowie für Senkrecht- und Überkopf-Schweißungen gemäß DIN 1913 „Schweißdraht, Technische Lieferbedingungen".
Prüfung der Schweißverbindungen	Gemäß DIN 4101 § 7 Ziffer 9 und DIN 1914 „Richtlinien für die Prüfung von Schweißverbindungen mit Röntgen- und Gammastrahlen". Probeschweißungen entsprechend den gewählten Formen für die Trägerstöße und die Anschlüsse der Querscheiben an die Hauptträger (vgl. Kolb: Wurzelfehler bei Stumpfnähten an geschweißten Stahlüberbauten, Stahlbau 10 (1937) S. 100).

2. Brückentafel aus Stahlbeton.

Zemente 225 oder 325	Gemäß DIN 1164 „Portlandzement, Eisenportlandzement, Hochofenzement".
Betonstahl I	Gemäß DIN 1045, Tabelle I St 00.12 mit Rundstahldurchmessern von 12, 14, 16, 18 mm.
Betongüte der Brückentafel B 400/45*	— mechanisch verdichtet — gemäß ABB, Teil C 1 und DIN 1075 Ziffer 4.13.

Das aus Walzträgern bestehende Kreuzwerk, das unterhalb der dem Straßenverkehr ausgesetzten Stahlbetonfahrbahn liegt, soll in der Regel geschweißt werden, wenn geeignete Baustoffe, Schweißer, Bauaufsicht und Prüfgeräte zur Verfügung stehen. Die geschweißte Ausführung der Typenbrücken bietet folgende ausschlaggebende Vorzüge:

1. Dichte, spaltfreie Anschlüsse und überall glatte, gut zugängliche Flächen in dem weitmaschigen, luftigen Trägerkreuzwerk. Auf diese Weise entstehen keine Angriffsstellen für etwaige Feuchtigkeit.
2. Einfache, einwandfreie Durchbildung auch schiefer Bauwerke.
3. Keine Nietabzüge in den Trägern.

Da genietete Anschlüsse diesen Bedingungen nicht genügen, sollten sie als Ausnahme nur dort zugelassen werden, wo zwingende Gründe die Anwendung der Nietung erfordern. Genietete Träger erhalten nach Abzug der Nietlöcher den gleichen Nettoquerschnitt wie die gewalzten.

2.3 *Technische Bestimmungen.*

Folgende Bestimmungen liegen den Entwürfen der Regelformen zugrunde, wobei Abweichungen in den späteren Abschnitten besonders vermerkt sind:

DIN 1072 (6. Ausg. Sept. 1944)	Straßenbrücken-Belastungsannahmen, in Verbindung mit den Belastungsannahmen Cl 40 und Cl 70; Einzelheiten hierzu siehe Abschnitt 2.4;
DIN 1073	Berechnungsgrundlagen für stählerne Straßenbrücken;
DIN 1045	Bestimmungen für Ausführung von Bauten aus Stahlbeton;
DIN 1075	Massive Brücken — Berechnungsgrundlagen;
DIN 1079	Stählerne Straßenbrücken — Grundsätze für die bauliche Durchbildung;
DIN 4101	Vorschriften für geschweißte, vollwandige stählerne Straßenbrücken;
DIN 4114 (Ausgabe 1952)	Berechnungsgrundlagen für Stabilitätsfälle im Stahlbau;
DIN 4227	Vorgespannte Stahlbetonteile, Richtlinien für die Bemessung (Entwurf);

* d. h. Beton mit folgenden Mindestfestigkeiten: Druckfestigkeit 400 kg/cm², Biegezugfestigkeit 45 kg/cm².

RBV	Vorläufige Richtlinien für die Bemessung von Verbundträgern im Straßenbrückenbau (Entwurf); vgl. auch Bauingenieur 9/1950, S. 357 ff.;
RBL	Richtlinien für die Bemessung von Landstraßen (Entwurf)*;
RASt	Richtlinien für den Ausbau von Stadtstraßen (Entwurf)*;
ABB	Anweisung für den Bau von Betonfahrbahndecken der Reichsautobahnen vom 1. 2. 1939;
RAL	Vorläufige Richtlinien für den Ausbau der Landstraßen, 3. Auflage vom November 1939;

Vorläufige Anweisung für die Durchführung der Bauarbeiten bei den RAB. Nr. 12: „Umgrenzung des lichten Raumes bei Reichsautobahnen" vom 15. 10. 1939;

Vorläufige Anweisung für die Durchführung der Bauarbeiten bei den RAB. Nr. 3: „Trassierungsgrundsätze".

Folgende Berechnungsverfahren wurden angewandt:

für das Kreuzwerk: H. Homberg: Kreuzwerke, Springer-Verlag, Berlin 1951;

für die Brückentafel: E. Bittner: Momententafeln und Einflußflächen für kreuzweise bewehrte Eisenbetonplatten, Springer-Verlag, Wien 1938.

2.4 *Belastungsannahmen.*

2.41 Regellasten.

Die Regelformen sind für die Regellasten der DIN 1072 (6. Ausgabe September 1944) Klasse I und der DIN 1072 Klasse I A entwickelt worden. Es genügen die Plattenkreuzwerke der Brückenklasse I gleichzeitig auch der Cl 40 und diejenigen der Brückenklasse I A ebenso auch der Cl 70. In diesem Zusammenhang bedeuten Cl 40 und Cl 70 die Tragfähigkeit für freizügige Gleiskettenfahrzeuge von 40 t und 70 t Gesamtgewicht auf jeder Spur bei Beachtung eines Längsabstandes von 25 m und eines Querabstandes von mindestens 4,5 m — beides gemessen von Mitte zu Mitte Fahrzeug —, wenn nicht ein Fahrzeug in jeweils ungünstigster Stellung maßgebend ist. Die Belastung der beidseitigen Gehbahnen — nicht der Fahrbahnen — mit Menschengedränge $p = 0{,}5\ t/m^2$ wurde auch bei Cl 40 und Cl 70 berücksichtigt. Einzelheiten siehe Abb. 15.

Wie aus den vergleichenden Darstellungen für die Momente ersichtlich — Abb. 19, 20 und 21 — ergeben sich zwischen den Brückenklassen bezüglich ihrer Einwirkungen auf das Plattenkreuzwerk folgende Beziehungen:

DIN 1072 (6. Ausg. 1944)		DIN 1072 (Entwurf 1950)
1. Brückenklasse I A in Verbindung mit Cl 70	wirkungsähnlich	Brückenklasse 60
2. Brückenklasse I in Verbindung mit Cl 40		Brückenklasse 45
3. Brückenklasse L 12		Brückenklasse 30

Die obigen Beziehungen der Ziffern 1. und 2. wird man im Durchschnitt auch für einen Vergleich der Beanspruchungen der Fahrbahntafel gelten lassen dürfen, vorbehaltlich eines endgültigen Spannungsnachweises, wie früher bereits ausgeführt. Die Einwirkungen von Straßenbahnen mit Achsdrücken von 10 bis 12 t sind ohne weiteres durch die Gleiskettenregelfahrzeuge der Ziffern 1 und 2 gedeckt; die den Raddruck verteilende Gleiskette beansprucht die Unterlage in ähnlicher Weise wie ein ortsfestes niedriges Gleis. Eine Lastverteilung in die Platte hinein gemäß den Anregungen von A. Pucher wurde für die Berechnung deswegen nicht angenommen, weil sie bis jetzt nicht ausreichend erwiesen erschien. Die Bestimmungen der DIN 1075 fanden also hierfür Beachtung.

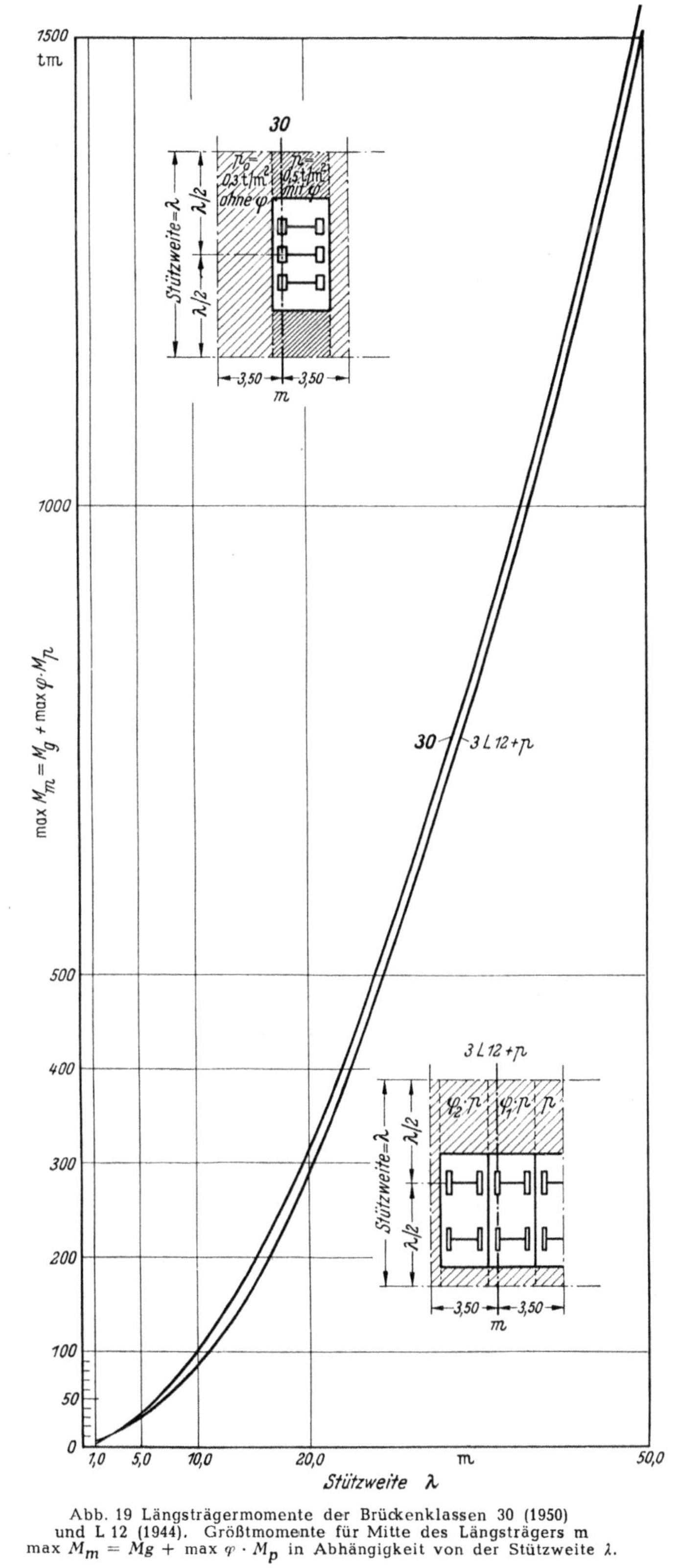

Abb. 19 Längsträgermomente der Brückenklassen 30 (1950) und L 12 (1944). Größtmomente für Mitte des Längsträgers m max $M_m = Mg + \max \varphi \cdot M_p$ in Abhängigkeit von der Stützweite λ.

2.42 Schwing- und Stoßbeiwerte.

Für die Berechnung der stählernen Kreuzwerke sind die Schwingbeiwerte der Verkehrslasten der DIN-Klassen I und I A gemäß DIN 1073, Tabelle 1, der Gleiskettenfahrzeuge der Cl 40 und Cl 70 jedoch mit $\varphi = 1{,}1$ angesetzt worden. Zur Berechnung und Bemessung der Brücken-

* Erhältlich bei der Forschungsgesellschaft für das Straßenwesen e. V., Köln-Deutz, Alarichstr. 35.

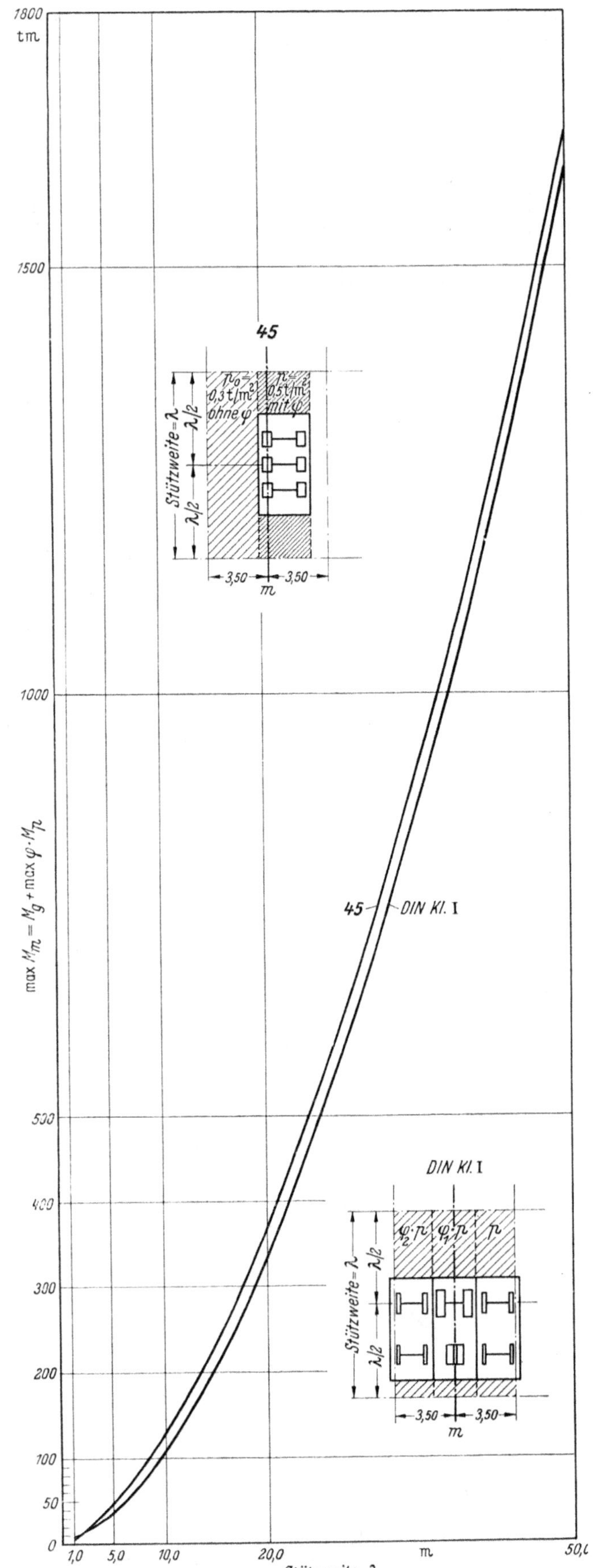

Abb. 20. Längsträgermomente der Brückenklassen 45 (1950) und I (1944). Größtmomente für Mitte des Längsträgers m max $M_m = Mg + \max \varphi \cdot M_p$ in Abhängigkeit von der Stützweite λ.

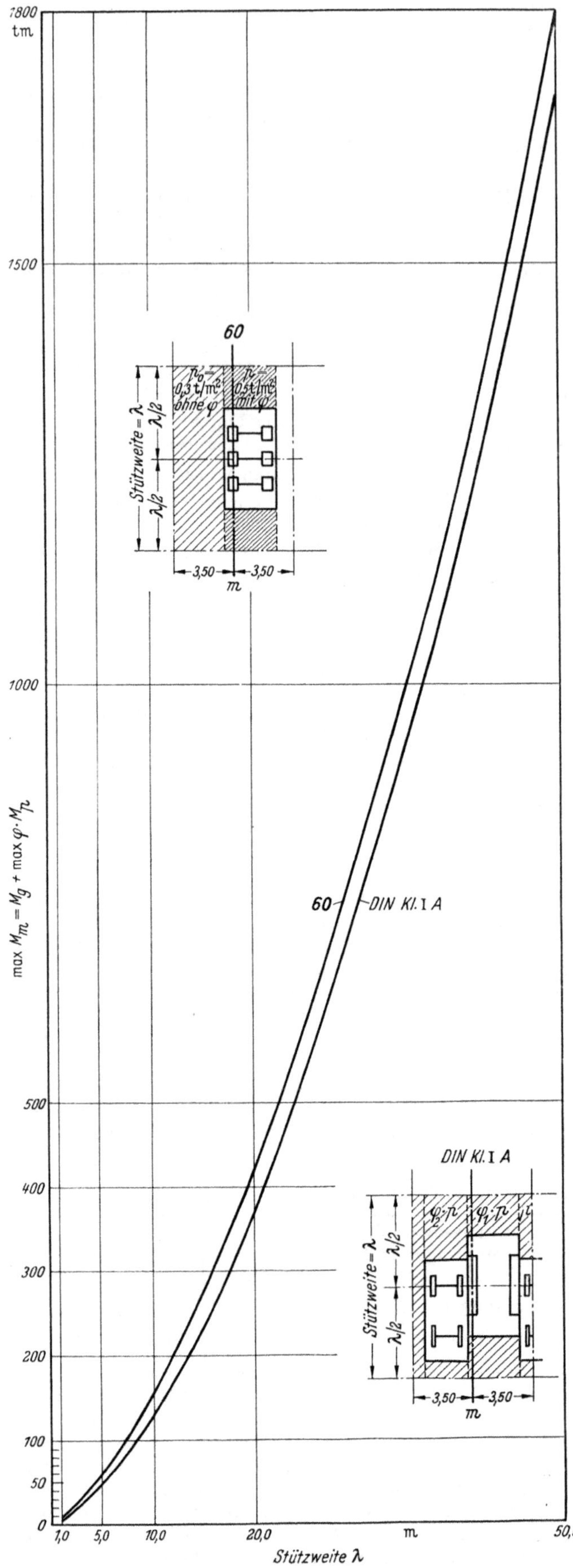

Abb. 21. Längsträgermomente der Brückenklassen 60 (1950) und IA (1944). Größtmomente für Mitte des Längsträgers m max $M_m = Mg + \max \varphi \cdot M_p$ in Abhängigkeit von der Stützweite

tafel aus Stahlbeton, die unmittelbar den Straßenverkehr trägt, wurde der Stoßbeiwert $\varphi = 1{,}65$ aus DIN 1075 Tabelle 1, Ziffer 1 eingeführt, der Fahrbahntafeln von Brücken unter Industriegleisen ohne Schotterbett und ohne Holzschwellen betrifft. Die Begründung der hohen Stoßzahl für die Bemessung der Brückentafel liegt darin, daß Unebenheiten bei der Auffahrt auf das Bauwerk derartige Stoßkräfte unzureichend gefederter, gummibereifter Kraftfahrzeuge hervorrufen, wie es die Erfahrungen bestätigt haben. Die Gleiskettenlasten der Cl 40 und Cl 70 wurden bei Berechnung der Brückentafel aus Stahlbeton mit dem hierfür festgelegten Stoßbeiwert $\varphi = 1{,}25$ eingeführt.

2.43 Temperaturunterschiede, Schwinden und Kriechen.

Ungleiche Erwärmung der Fahrbahntafel aus Stahlbeton und des stählernen Kreuzwerks gesondert zu berücksichtigen, erschien wegen der in den meisten Fällen im Verhältnis zur Verkehrslast und zum Schwinden günstigen Auswirkung nicht erforderlich. Sonnenbestrahlung der Platte wirkt dem Schwinden entgegen, ebenso plötzlich auftretender starker Frost, der zunächst die Stahlträger wegen ihrer größeren Leitfähigkeit und geringeren Dicken verkürzt. Temperaturunterschiede sowie Schwinden und Kriechen der Fahrbahnplatte längs und quer sind daher insgesamt durch Annahme eines Temperaturabfalls von 25° C bei der Berechnung des Tragwerks und der Verdübelung berücksichtigt worden. Auf die Erleichterungen für die Berechnung unter Gebrauchslast und Bruchlast gemäß Ziffer 6.23 und 8.1 der „Vorläufigen Richtlinien für die Bemessung von Verbundträgern im Straßenbrückenbau" (Entwurf Juli 1950) sei aufmerksam gemacht.

2.44 Windlasten und Bremskräfte.

Diese werden durch das Gesamttragwerk auf die Lager übertragen. In Anbetracht der kurzen Stützweiten der Regelbrücken sind sie und ihre Aufnahme nicht besonders nachgewiesen worden. Jedoch ist in jedem Einzelfall zu prüfen, ob während der Bauzeit besondere Windverbände solange erforderlich werden, bis die erhärtete Stahlbetonplatte die Windkräfte übernehmen kann. Diese Montagesicherungen sind jeweils zu berechnen und zu entwerfen.

2.45 Durchbiegung und Überhöhung.

Die rechnerische Durchbiegung unter ruhender Verkehrslast in ungünstigster Stellung ist mit $l/500$ (DIN 1073 § 20) innegehalten worden. Zum Ausgleich der Durchbiegungen unter ständiger Last ist es unbedingt erforderlich, den Walzträgern entweder im Walzwerk oder in der Stahlbauanstalt kreisbogenförmige Überhöhungen zu geben, deren Stich in den nachfolgenden Bemessungstabellen 15 angegeben ist. Bei waagrechter oder nahezu waagrechter Trasse sind diese Maße so zu vergrößern, daß die Rinnsteine auf der Brücke einwandfrei zu den Regeneinläufen entleeren. Überhöhungen durch entsprechende Aufstelzung der Schrägen der Fahrbahntafel sind nicht zu empfehlen. Der geringste Durchhang der Walzträger macht sich dem Auge unangenehm bemerkbar.

2.5 Zulässige Spannungen.

Als zulässige Biegespannungen für den Plattenträgerquerschnitt wurden folgende Werte angenommen:

1. für die Stahlbetonplatte der Brückentafel 90 kg/cm² bei Betongüte B 300 und höher, 1400 kg/cm² bei Betonstahl I, beides gemäß DIN 1075, Tafel 3, bzw. DIN 1045, Tafel V, Abschnitt A. Bei dem Ausnahmefall einer Fahrzeuglast am Gehbahnrand wurden 1800 kg/cm² als höchste Spannung für Betonstahl I zugelassen. Außerdem wurde ein zulässiger Biegezug in Höhe von $W_{28}/10$, berechnet nach Zustand I, innegehalten.

2. für das stählerne Kreuzwerk 1600 kg/cm² bei St 37 bzw. 2400 kg/cm² bei St 52, beide Werte sowohl für die Hauptkräfte als auch für die Haupt- und Zusatzkräfte.

3. für die steifen Dübel als zulässige gleichmäßig verteilt angenommene Betonpressung an der Stirnseite des Dübels $W_{28}/2$, ferner als zulässige Beanspruchung der Anschlußschweißnähte aus Querkraft und Kippmoment des Dübels gemäß DIN 4101 der Höchstwert von $0{,}75 \cdot \sigma_{zul}$. Dabei ist hier

$\sigma_{zul} = 1400$ kg/cm² für St 37,

$\sigma_{zul} = 2100$ kg/cm² für St 52.

In diesem Zusammenhang seien noch einige Hinweise zu der von DIN 1073 „Berechnungsgrundlagen für stählerne Straßenbrücken" abweichenden Festsetzung erhöhter zulässiger Spannungen für das stählerne Kreuzwerk der Regelformen hinzugefügt.

Die obige teilweise, immerhin aber sehr vorsichtige Erhöhung der zulässigen Stahlspannungen über die vorschriftsmäßige Grenze hinaus erscheint wegen folgender wesentlichen Gesichtspunkte bei den vorliegenden Regelformen begründet:

1. wegen des wirklichkeitsnahen statischen Nachweises, im Gegensatz z. B. zu der üblichen Berechnung nach dem Hebelgesetz, wo die Randträger mehr, die Innenträger weniger und die Querträger vielfach mehr als gerechnet beansprucht werden;

2. wegen des möglichen örtlichen Spannungsausgleichs auf Grund der vielfachen statischen Unbestimmtheit des Flächentragwerks sowie wegen weiterer Tragfähigkeitsreserven aus

a) der in der Kreuzwerkberechnung nicht erfaßten, aber vorhandenen Drillsteifigkeit des Verbundtragwerks;

b) der erheblichen Abnahme des Elastizitätsverhältnisses E_E/E_B mit fortschreitender Erhärtung des Betons. So ist bei einem vollends erhärteten Fahrbahnbeton B 370 ein tatsächliches Elastizitätsverhältnis unter der Gebrauchslast $n = E_E/E_B = 5$ bis 6 zu erwarten, gegenüber dem hier gerechneten Wert von $n = 10$, was neuerdings Klöppel durch Messungen am Bauwerk bestätigt fand [3]. Bezogen auf die Werte des statischen Nachweises wird also mit der Zeit die unterste Zugfaser des Stahles um rund 5 % entlastet und die äußerste Druckfaser der Stahlbetontafel zu rund 30 % stärker beansprucht. Angesichts der bei den Regelformen in der Längsrichtung nicht voll ausgenutzten Fahrbahnplatte liegt also die Bemessung des Plattenträgers mit $n = 10$ gerade für seinen höchstbeanspruchten Teil, d. h. für den Zuggurt, auf der sicheren Seite. Ein weiteres Guthaben an Tragfähigkeit bildet bei den Regelformen die Vernachlässigung des $(n-1)$fachen Stahlquerschnitts der Plattenbewehrung bei der Flächenermittlung des Plattenträgerquerschnitts. Bei etwa 1,5 % Stahleinlagen und $n = 6$ bleibt auch aus diesem Anlaß die Berechnung auf der sicheren Seite;

c) der vermehrten Beulsicherheit des stählernen Tragwerks infolge der unsymmetrischen Spannungsverteilung im Plattenträgerquerschnitt, wodurch der Druckgurt des symmetrischen Walzträgers nicht voll beansprucht wird;

3. wegen der kleinen und mittleren Größe der Bauwerke, wegen der dickwandigen Querschnitte der Walzträger sowie wegen der sehr einfachen Konstruktion ohne besondere Gefahrenstellen;

4. wegen des Fernhaltens des größten Teils der Windkräfte und der sonstigen Seitenkräfte vom Stahltragwerk infolge der waagrecht sehr steifen, längs und quer fugenlos durchlaufenden Fahrbahntafel aus Stahlbeton.

2.6 Mitwirkende Breite des Druckgurtes der Plattenträger.

Beim Plattenkreuzwerk wird man anstreben, für alle möglichen Laststellungen und Lastarten eine möglichst große voll mitwirkende Querschnittsfläche der Brückentafel längs und quer zu erhalten. Bei schmalen Brücken sind daher im allgemeinen gleiche oder annähernd gleiche

Trägerabstände längs und quer immer dann richtig, wenn es sich um große Abstände a der Längsstränge handelt und infolgedessen ähnliche Abstände λ der Querscheiben aus Gründen der Gewichtsersparnis für die Fahrbahntafel erforderlich werden. Legt man aber weitere Längsstränge im gleichen Abstande a hinzu, um eine breitere Brücke zu erhalten, so darf ohne Schaden für die Sicherheit des Bauwerks die Anzahl der Querscheiben entsprechend abnehmen, wenn dies mit dem Gewicht der Fahrbahnplatte vereinbar ist. Denn die mitwirkende Plattenbreite quer wächst mit der Länge der Querscheiben zwischen den Randträgern und der Grad der statischen Unbestimmtheit des Tragwerks als Maßstab für seine Tragsicherheit bleibt ebenfalls erhalten.

Die voll mitwirkende Breite bei den Hauptträgern b_L wird stets gleich der tatsächlich vorhandenen Druckplattenbreite $\leqq$ 4,5 m $\leqq 0{,}4\,l$ angesetzt. Haben Haupt- und Querträger etwa den gleichen Abstand (Typenreihen 3), so gilt auch für die Querträger die vorhandene Breite als voll mitwirkende Breite, also $b_Q = \lambda$. Bei den Kreuzwerken mit solchen Querträgerabständen, die sehr viel größer als die Hauptträgerabstände sind, wird als größte voll mitwirkende Breite b_Q das Maß $l_Q\,/\,3$ eingeführt. Darin ist l_Q den Abstand der Randhauptträger. Es bestehen also folgende Beziehungen:

$$b_L = a, \text{ wenn } a \leqq 4{,}5 \text{ m und } a \leqq 0{,}4\,l,$$
$$b_L = 0{,}4\,l, \text{ wenn } a > 4{,}5 \text{ m oder } a > 0{,}4\,l,$$
$$b_Q = \lambda, \text{ wenn } \lambda \sim a,$$
$$b_Q = l_Q/3, \text{ wenn } \lambda \gg a.$$

Diese Maße setzen ein rißfreies Verhalten der Stahlbetontafel voraus, statisch gewährleistet durch Innehalten

a) des zulässigen Biegezuges nach Zustand I,

b) der zulässigen Schubbeanspruchungen in den senkrechten Schnitten der Platte.

3 Konstruktive Durchbildung.

3.1 *Stählernes Kreuzwerk.*

3.101 Allgemeine Anordnung und Entwurf.

Den Regelformen liegt der Konstruktionsgedanke des Plattenkreuzwerks mit Walzträgern als Haupt- und Querträgern zugrunde, die sämtlich mit der Brückenplatte aus Stahlbeton in schubfeste Verbindung gebracht sind, so daß die Fahrbahntafel für Verkehrslasten im Plattenträgerquerschnitt mitträgt (Abb. 2). Um die der Kreuzwerkbauweise eigentümliche Verteilung von Lasten in der Querrichtung im gewünschten Ausmaß zu erzielen, werden die Hauptträger im Regelfall durch zwei oder drei kräftige, lastverteilende Querträger verbunden, die außerdem zusammen mit den Endquerträgern die Konstruktion in der Querrichtung aussteifen. In besonderen Fällen, bei großen Stützweiten der Brücke bzw. der Stahlbetonfahrbahnplatte, werden vier bis sechs lastverteilende Querträger in gleichen Abständen angeordnet. Die Endquerträger gestatten ein Anheben des Überbaus unter der vollen ständigen Last. Die Flanschoberkanten der Mittelhaupt- und Querträger liegen gleich hoch. Die beiderseits unter den Schrammborden entstehende größere Höhe der Randträger wirkt sich hinsichtlich einer gleichmäßigen Ausnutzung aller Träger im Kreuzwerksystem vorteilhaft aus. Als Haupt- und Querträger des Kreuzwerks werden Parallelflansch-Walzträger IP gemäß DIN 1025, Blatt 2, angeordnet (Tabelle 5).

Die Anpassung der Regelformen an die verschiedenen Stützweiten, Bauhöhen und Brückenklassen geschieht einerseits durch Änderung der Hauptträgerzahl von drei bis sieben Stück für die Brücken mit b_f = 7,50 m Fahrbahnbreite bzw. von vier bis acht Stück für die Brücken mit b_f = 9,0 m Fahrbahnbreite, d. h. durch Änderung der Hauptträgerabstände a von 4,50 m bis 1,50 m, und andererseits durch Änderung in den Trägerprofilen (Abb. 18).

Den Bemessungstabellen 8 bis 10 können die zulässigen Stützweiten, die Stahleinheitsgewichte je m² Brückenfläche und die Abmessungen des stählernen Kreuzwerks für die Regelformen der geraden Brücken entnommen werden. Darin sind die Einheitsgewichte des stählernen Kreuzwerks auf die Brückenfläche zwischen Auflagerlinien und Geländerinnenkanten, die Stahleinheitsgewichte der Betonplatte auf die Brückenfläche zwischen Außenrand der Fahrbahnabschlußbalken und Geländerinnenkanten bezogen.

Tabelle 8.1.

Zulässige Stützweiten der Regelformen.

Typenbereich S. Zulässige Stützweiten in m. | Bemessungs-Tabelle 8.1

Brückenklasse I (Cl 40).

Stahlsorten St 37 und St 52 der Hauptträger.

Gehbahnbreite b_g = 1,50 m					Gehbahnbreite b_g = 2,25 m				
Typenform		a	b	c	Typenform		a	b	c
S 3	St 37	9,3	11,6	13,4	S 3	St 37	9,3	11,4	13,2
	St 52	11,1	15,3	17,7		St 52	11,1	15,0	16,9
S 4	St 37	11,0	14,0	16,4	S 4	St 37	10,8	13,7	15,8
	St 52	13,8	18,2	21,1		St 52	13,3	17,7	20,0
S 5	St 37	12,5	16,2	19,0	S 5	St 37	12,3	15,9	18,4
	St 52	16,2	21,2	24,6		St 52	16,0	20,5	23,0
S 6	St 37	14,2	18,0	21,2	S 6	St 37	13,8	17,3	20,3
	St 52	18,3	23,2	27,0		St 52	17,5	22,4	25,1
S 7	St 37	15,9	19,6	23,5	S 7	St 37	15,2	19,0	22,5
	St 52	20,5	25,2	29,4		St 52	19,1	24,2	27,3

Stahlsorten St 37 und St 52 der Hauptträger.

Gehbahnbreite b_g = 1,50 m					Gehbahnbreite b_g = 2,25 m				
Typenform		a	b	c	Typenform		a	b	c
S 3	St 37	9,3	11,6	13,4	S 3	St 37	9,3	11,4	13,2
	St 52	11,1	15,3	17,7		St 52	11,1	15,0	16,9
S 4	St 37	11,0	14,0	16,4	S 4	St 37	10,8	13,7	15,8
	St 52	13,8	18,2	21,1		St 52	13,3	17,7	20,0
S 5	St 37	12,5	16,2	19,0	S 5	St 37	12,3	15,9	18,4
	St 52	16,2	21,2	24,6		St 52	16,0	20,5	23,0
S 6	St 37	14,2	18,0	21,2	S 6	St 37	13,8	17,3	20,3
	St 52	18,3	23,2	27,0		St 52	17,5	22,4	25,1
S 7	St 37	15,9	19,6	23,5	S 7	St 37	15,2	19,0	22,5
	St 52	20,5	25,2	29,4		St 52	19,1	24,2	27,3

Tabelle 8.2.

Typenbereich SuS. Zulässige Stützweiten in m. | Bemessungs-Tabelle 8.2

Brückenklasse I (Cl 40).

Stahlsorten St 37 und St 52 der Hauptträger.

Gehbahnbreite b_g = 1,50 m					Gehbahnbreite b_g = 2,25 m				
Typenform		a	b	c	Typenform		a	b	c
SuS 4	St 37	12,2	16,2	*	SuS 4	St 37	12,1	16,0	*
	St 52	16,0	20,6			St 52	15,6	19,8	
SuS 5	St 37	14,2	18,3	*	SuS 5	St 37	13,8	17,7	*
	St 52	18,2	22,6			St 52	17,2	21,7	
SuS 6	St 37	15,9	20,0	*	SuS 6	St 37	15,3	19,1	*
	St 52	20,0	24,4			St 52	18,9	23,2	
SuS 7	St 37	17,4	21,6	*	SuS 7	St 37	16,6	20,3	*
	St 52	21,7	26,1			St 52	20,5	24,4	
SuS 8	St 37	18,8	23,1	26,0	SuS 8	St 37	18,0	21,6	24,4
	St 52	23,5	27,6	31,1		St 52	22,2	25,8	29,2

* Die Berechnung der fehlenden Werte ist leider unterblieben.

Brückenklasse I A (Cl 70).
Stahlsorten St 37 und St 52 der Hauptträger.

Gehbahnbreite $b_g = 1{,}50$ m					Gehbahnbreite $b_g = 2{,}25$ m				
Typenform		a	b	c	Typenform		a	b	c
SuS 4	St 37	9,3	12,4	*	SuS 4	St 37	9,1	12,2	*
	St 52	12,3	16,5			St 52	12,2	16,4	
SuS 5	St 37	11,2	15,0	*	SuS 5	St 37	10,8	14,5	*
	St 52	14,7	19,5			St 52	14,3	19,0	
SuS 6	St 37	12,9	16,8	*	SuS 6	St 37	12,6	16,2	*
	St 52	16,7	21,7			St 52	16,2	21,1	
SuS 7	St 37	14,4	18,2	*	SuS 7	St 37	14,0	17,6	*
	St 52	18,7	23,4			St 52	17,8	22,7	
SuS 8	St 37	15,9	19,6	23,5	SuS 8	St 37	15,2	19,0	22,5
	St 52	20,5	25,2	29,4		St 52	19,1	24,2	27,3

* Die Berechnung der fehlenden Werte ist leider unterblieben.

Tabelle 8.3.

Bemessungs-Tabelle 8.3

Typenbereich A. Zulässige Stützweiten in m.
Brückenklasse I A (Cl 70).
Stahlsorten St 37 und St 52 der Hauptträger.

Randträgerabstand $l_Q = 10{,}50$ m.

Typenform		a	b	c
A 4	St 37	9,3	12,4	*
	St 52	12,3	16,7	
A 5	St 37	11,2	14,8	*
	St 52	14,7	19,2	
A 6	St 37	12,9	16,7	*
	St 52	16,7	21,4	
A 7	St 37	14,4	18,2	*
	St 52	18,7	23,2	
A 8	St 37	15,9	19,6	23,5
	St 52	20,5	25,2	29,4

Tabelle 9.1.

Bemessungs-Tabelle 9.1

Stahlgewicht der Regelformen.

Stahlgewicht einschl. Dübel und Schweißnähte in kg/m² Brückenfläche zwischen den Geländern für gerade Typenbrücken „S" (ohne Lager, Geländer, Entwässerungseinrichtungen).
Brückenklasse I (Cl 40).
Stahlsorten St 37 und St 52 der Hauptträger.

Gehbahnbreite $b_g = 1{,}50$ m						Gehbahnbreite $b_g = 2{,}25$ m					
Typenform			a	b	c	Typenform			a	b	c
S 3	KSt	St 37	132	141	152	S 3	KSt	St 37	117	130	135
		St 52	119	139	150			St 52	105	126	134
	RSt	B I	40				RSt	B I	37		
S 4	KSt	St 37	146	159	174	S 4	KSt	St 37	128	143	155
		St 52	132	154	166			St 52	119	137	148
	RSt	B I	34				RSt	B I	31		
S 5	KSt	St 37	163	179	196	S 5	KSt	St 37	143	160	175
		St 52	147	173	188			St 52	135	154	167
	RSt	B I	30				RSt	B I	28		
S 6	KSt	St 37	180	201	221	S 6	KSt	St 37	158	179	198
		St 52	173	197	215			St 52	152	175	192
	RSt	B I	26				RSt	B I	26		
S 7	KSt	St 37	201	227	253	S 7	KSt	St 37	177	201	229
		St 52	192	228	253			St 52	170	202	224
	RSt	B I	25				RSt	B I	25		

Brückenklasse I A (Cl 70).
Stahlsorten St 37 und St 52 der Hauptträger.

Gehbahnbreite $b_g = 1{,}50$ m						Gehbahnbreite $b_g = 2{,}25$ m					
Typenform			a	b	c	Typenform			a	b	c
S 3	KSt	St 37	134	156	154	S 3	KSt	St 37	119	138	134
		St 52	135	139	150			St 52	118	122	134
	RSt	B I	49				RSt	B I	46		
S 4	KSt	St 37	155	172	181	S 4	KSt	St 37	137	152	159
		St 52	145	158	170			St 52	128	138	151
	RSt	B I	42				RSt	B I	40		
S 5	KSt	St 37	173	190	205	S 5	KSt	St 37	154	168	181
		St 52	160	178	193			St 52	142	156	172
	RSt	B I	40				RSt	B I	38		
S 6	KSt	St 37	190	211	230	S 6	KSt	St 37	170	187	202
		St 52	178	199	220			St 52	158	176	197
	RSt	B I	36				RSt	B I	35		
S 7	KSt	St 37	208	235	261	S 7	KSt	St 37	185	207	231
		St 52	197	224	260			St 52	175	197	230
	RSt	B I	34				RSt	B I	33		

KSt = Konstruktionsstahl, Gewicht einschl. QT (Querträger), QT immer in St 37 ausgeführt.
RSt = Rundstahl, B I = Betonstahl I.

Die zulässigen Stützweiten in Abhängigkeit vom Hauptträgerabstand sind in den Linientabellen 11 dargestellt. Sie wurden in erster Linie zu dem Zweck aufgestellt, um die Richtigkeit der statischen Nachweise zu überprüfen. Der stetige Verlauf der Kurven ist ein Beweis für die richtige Berechnung. Die geringen Abweichungen der Linienzüge „S" und „SuS" voneinander weisen außerdem darauf hin, daß es zulässig ist, die durch sie dargestellten Typenformen mit den ihnen eigenen Konstruktionsmassen unverändert nach der Breite beliebig abzuwandeln, d. h. die Konstruktionsglieder dieser Typenformen auch auf breitere und schmälere Brücken zu übertragen, sofern Lastannahmen, Baustoffe, die Stützweite *l* und der Längsträgerabstand *a* gleich bleiben. Die Zulässigkeit solcher Abwandlungen ist für die Brückentafel, die Längsträger, Querträger und Anschlüsse auch rechnerisch nachgewiesen worden. Weiteres hierüber sowie über zu beachtende Bedingungen siehe Abschnitt 3.109.

3.102 Trägerquerschnitte und Aussteifungen.

Die Abmessungen der gemäß den Tabellen 10 verwendeten Stahlträger gehen im einzelnen aus Tabelle 4 hervor.

Die Hauptträger benötigen in der Ausführung als Walzträger keine besonderen Stegblechaussteifungen. Dasselbe gilt für die Querträger.

An den Auflagern werden die Aussteifungen durch die Querträgeranschlüsse gebildet, am Randträger wird außen zusätzlich eine lotrechte Steife angeordnet. Die Endaussteifungen werden an die Gurte angeschweißt.

Bei den Zwischenanschlüssen der Querscheiben sind entweder eine sanfte Einpassung in die Gurte der Hauptträger oder zwischen Anschluß und Gurt oben und unten Plättchen vorgesehen.

Bemessungs-Tabelle 9.2

Tabelle 9.2.

Stahlgewicht einschl. Dübel und Schweißnähte in kg/m² Brückenfläche zwischen den Geländern für gerade Typenbrücken „SuS" (ohne Lager, Geländer, Entwässerungseinrichtungen).

Brückenklasse I (Cl 40).
Stahlsorten St 37 und St 52 der Hauptträger.

Gehbahnbreite b_g = 1,50 m						Gehbahnbreite b_g = 2,25 m					
Typenform			a	b	c	Typenform			a	b	c
SuS 4	KSt	St 37	141	149		SuS 4	KSt	St 37	125	134	
		St 52	128	138	*			St 52	114	125	*
	RSt	B I	39				RSt	B I	37		
SuS 5	KSt	St 37	154	167		SuS 5	KSt	St 37	138	155	
		St 52	143	158	*			St 52	129	143	*
	RSt	B I	32				RSt	B I	31		
SuS 6	KSt	St 37	168	187		SuS 6	KSt	St 37	151	172	
		St 52	158	179	*			St 52	143	160	*
	RSt	B I	28				RSt	B I	27		
SuS 7	KSt	St 37	183	206		SuS 7	KSt	St 37	168	189	
		St 52	173	199	*			St 52	158	178	*
	RSt	B I	26				RSt	B I	25		
SuS 8	KSt	St 37	201	228	247	SuS 8	KSt	St 37	180	204	
		St 52	194	228	249			St 52	172	196	*
	RSt	B I	25				RSt	B I	24		

Brückenklasse I A (Cl 70).
Stahlsorten St 37 und St 52 der Hauptträger.

Gehbahnbreite b_g = 1,50 m						Gehbahnbreite b_g = 2,25 m					
Typenform			a	b	c	Typenform			a	b	c
SuS 4	KSt	St 37	159	164		SuS 4	KSt	St 37	143	146	
		St 52	140	148	*			St 52	125	131	*
	RSt	B I	48				RSt	B I	45		
SuS 5	KSt	St 37	167	177		SuS 5	KSt	St 37	150	160	
		St 52	152	163	*			St 52	136	146	*
	RSt	B I	43				RSt	B I	41		
SuS 6	KSt	St 37	179	195		SuS 6	KSt	St 37	160	175	
		St 52	166	183	*			St 52	149	163	*
	RSt	B I	43				RSt	B I	41		
SuS 7	KSt	St 37	193	214		SuS 7	KSt	St 37	173	191	
		St 52	181	204	*			St 52	163	181	*
	RSt	B I	34				RSt	B I	33		
SuS 8	KSt	St 37	208	234	252	SuS 8	KSt	St 37	187	209	225
		St 52	197	224	251			St 52	177	201	226
	RSt	B I	33				RSt	B I	32		

KSt = Konstruktionsstahl, Gewicht einschl. QT (Querträger), QT immer in St 37 ausgeführt.
RSt = Rundstahl, B I = Betonstahl I.

3.103 Hauptträgerstöße.

Alle Anschlüsse und Stöße sind in der Regel zu schweißen. Bis 20 m Stützweite lassen sich Stöße in den Hauptträgern vermeiden, da parallelflanschige Walzträger, Breitflachstähle und Bleche bis zu diesen Längen gewalzt werden.

Für die Regelformen gilt:

Bei Verwendung von Walzträgern dürfen geschweißte Stumpfstöße I. Güte ohne besonderen Nachweis in den Bereichen

$$0 < x < 0{,}25\, l \quad \text{und} \quad 0{,}75\, l < x < l$$

angeordnet werden.

3.104 Querträger und ihre Anschlüsse.

Die Querträger werden grundsätzlich gleichlaufend zu den Widerlagern angeordnet. Es sind zu unterscheiden Endquerträger und lastverteilende Querträger. Auf beiden ist die Fahrbahnplatte aufgelagert und mit beiden in schubfeste Verbindung gebracht. Die lastverteilenden Querträger dienen zur Herstellung der Kreuzwirkung. Ihr Anzahl und Steifigkeit richtet sich nach der Größe der erforderlichen Kreuzwirkung. Bei der Typenreihe 3 ist ihr Abstand außerdem abhängig von den wirtschaftlich vertretbaren größten Abmessungen der Felder der vierseitig gelagerten Stahlbetonplatte.

Als Baustoff wird für die Querträger nur St 37 verwendet.

Die Regelausführungen der Anschlüsse zeigt Abb. 22. Die Berührungsflächen der anzuschließenden oder zu stoßenden Teile sind möglichst spaltlos durch Schweißnähte abzudichten. Für alle Kehlnähte kommen durchlaufende flache oder hohle Kehlnähte in Betracht, deren

Bemessungs-Tabelle 9.3

Tabelle 9.3.

Stahlgewicht einschließlich Dübel und Schweißnähte in kg/m² Brückenfläche zwischen den Geländern für gerade Typenbrücken „A" (ohne Lager, Geländer, Entwässerungseinrichtungen).

Brückenklasse I A (Cl 70).
Stahlsorten St 37 und St 52 der Hauptträger.

Randträgerabstand l_Q = 10,50 m.

Typenform			a	b	c
A 4	KSt	St 37	159	165	
		St 52	140	148	*
	RSt	B I	48		
A 5	KSt	St 37	167	179	
		St 52	152	165	*
	RSt	B I	43		
A 6	KSt	St 37	179	195	
		St 52	166	183	*
	RSt	B I	43		
A 7	KSt	St 37	193	214	
		St 52	181	202	*
	RSt	B I	34		
A 8	KSt	St 37	208	234	
		St 52	197	224	*
	RSt	B I	33		

KSt = Konstruktionsstahl, Gewicht einschl. QT (Querträger), QT immer in St 37 ausgeführt.
RSt = Rundstahl, B I = Betonstahl I.

* Die Berechnung der fehlenden Werte ist leider unterblieben.

Tabelle 10.1 | Bemessungs-Tabelle 10.1

Typenbereich S. Walzprofile der geraden Brücken.

Träger IP nach DIN 1025.
Baustoff St 37 und St 52 (Schweißgüte).
Gehbahnbreiten b_g = 1,50 m und 2,25 m.

Brückenklasse I (Cl 40).

Typenform		a	b	c
S 3	RT	2 IP 80	2 IP 100	2 IP 120
	MT	1 IP 60	1 IP 80	1 IP 100
	LQT	2 (2) IP 40	2 (3) IP 60	3 (4) IP 60
	EQT	2 IP 40	2 IP 40	2 IP 40
	Platte			$d = 24$ cm
S 4	RT	2 IP 80	2 IP 100	2 IP 120
	MT	2 IP 60	2 IP 80	2 IP 100
	LQT	2 (2) IP 40	2 (2) IP 60	2 (2) IP 60
	EQT	2 IP 40	2 IP 40	2 IP 40
	Platte			$d = 22$ cm
S 5	RT	2 IP 80	2 IP 100	2 IP 120
	MT	3 IP 60	3 IP 80	3 IP 100
	LQT	2 (2) IP 40	2 (2) IP 60	2 (2) IP 60
	EQT	2 IP 40	2 IP 40	2 IP 60
	Platte			$d = 20$ cm
S 6	RT	2 IP 80	2 IP 100	2 IP 120
	MT	4 IP 60	4 IP 80	4 IP 100
	LQT	2 (2) IP 40	2 (2) IP 60	2 (3) IP 60
	EQT	2 IP 40	1 IP 40	2 IP 60
	Platte			$d = 20$ cm
S 7	RT	2 IP 80	2 IP 100	2 IP 120
	MT	5 IP 60	5 IP 80	5 IP 100
	LQT	2 (2) IP 40	2 (3) IP 60	2 (3) IP 60
	EQT	2 IP 40	2 IP 40	2 IP 60
	Platte			$d = 18$ cm

Brückenklasse IA (Cl 70).

Typenform		a	b	c
S 3	RT	2 IP 80	2 IP 100	2 IP 120
	MT	1 IP 60	1 IP 80	1 IP 100
	LQT	1 IP 60 (2) IP 40	2 (2) IP 60	2 (3) IP 60
	EQT	2 IP 40	2 IP 40	2 IP 40
	Platte			$d = 28$ cm
S 4	RT	2 IP 80	2 IP 100	2 IP 120
	MT	2 IP 60	2 IP 80	2 IP 100
	LQT	1 IP 60 (2) IP 40	2 (2) IP 60	2 (2) IP 60
	EQT	2 IP 40	2 IP 40	2 IP 40
	Platte			$d = 26$ cm
S 5	RT	2 IP 80	2 IP 100	2 IP 120
	MT	3 IP 60	3 IP 80	2 IP 100
	LQT	2 (2) IP 40	2 (2) IP 60	2 (2) IP 60
	EQT	2 IP 40	2 IP 40	2 IP 60
	Platte			$d = 22$ cm
S 6	RT	2 IP 80	2 IP 100	2 IP 120
	MT	4 IP 60	4 IP 80	4 IP 100
	LQT	2 (2) IP 40	2 (2) IP 60	2 (3) IP 60
	EQT	2 IP 40	2 IP 40	2 IP 60
	Platte			$d = 20$ cm
S 7	RT	2 IP 80	2 IP 100	2 IP 120
	MT	5 IP 60	5 IP 80	5 IP 100
	LQT	2 (2) IP 40	2 (2) IP 60	2 (3) IP 60
	EQT	2 IP 40	2 IP 40	2 IP 60
	Platte			$d = 18$ cm

Tabelle 10.2 | Bemessungs-Tabelle 10.2

Typenbereich SuS. Walzprofile der geraden Brücken.

Träger IP nach DIN 1025.
Baustoff St 37 und St 52 (Schweißgüte).
Gehbahnbreiten b_g = 1,50 m und 2,25 m

Brückenklasse I (Cl 40).

Typenform		a	b	c
SuS 4	RT	2 IP 80	2 IP 100	2 IP 120
	MT	2 IP 60	2 IP 80	2 IP 100
	LQT	1 (2) IP 40	2 (2) IP 60	2 (2) IP 60
	EQT	2 IP 40	2 IP 40	2 IP 40
	Platte			$d = 24$ cm
SuS 5	RT	2 IP 80	2 IP 100	2 IP 120
	MT	3 IP 60	3 IP 80	3 IP 100
	LQT	2 (2) IP 40	2 (2) IP 60	2 (2) IP 60
	EQT	2 IP 40	2 IP 40	2 IP 60
	Platte			$d = 22$ cm
SuS 6	RT	2 IP 80	2 IP 100	2 IP 120
	MT	4 IP 60	4 IP 80	4 IP 100
	LQT	2 (2) IP 40	2 (2) IP 60	2 (2) IP 60
	EQT	2 IP 40	2 IP 40	2 IP 60
	Platte			$d = 20$ cm
SuS 7	RT	2 IP 80	2 IP 100	2 IP 120
	MT	5 IP 60	5 IP 80	5 IP 100
	LQT	2 (2) IP 40	2 (2) IP 60	2 (3) IP 60
	EQT	2 IP 40	2 IP 40	2 IP 60
	Platte			$d = 20$ cm
SuS 8	RT	2 IP 80	2 IP 100	2 IP 120
	MT	6 IP 60	6 IP 80	6 IP 100
	LQT	2 (2) IP 40	2 (3) IP 60	2 (3) IP 60
	EQT	2 IP 40	2 IP 40	2 IP 60
	Platte			$d = 18$ cm

Brückenklasse IA (Cl 70).

Typenform		a	b	c
SuS 4	RT	2 IP 80	2 IP 100	2 IP 120
	MT	2 IP 60	2 IP 80	2 IP 100
	LQT	1 (1) IP 40	1 (2) IP 60	2 (2) IP 60
	EQT	2 IP 40	2 IP 40	2 IP 40
	Platte			$d = 26$ cm
SuS 5	RT	2 IP 80	2 IP 100	2 IP 120
	MT	3 IP 60	3 IP 80	3 IP 100
	LQT	2 (2) IP 40	2 (2) IP 60	2 (2) IP 60
	EQT	2 IP 40	2 IP 40	2 IP 60
	Platte			$d = 24$ cm
SuS 6	RT	2 IP 80	2 IP 100	2 IP 120
	MT	4 IP 60	4 IP 80	4 IP 100
	LQT	2 (2) IP 40	2 (2) IP 60	2 (2) IP 60
	EQT	2 IP 40	2 IP 40	2 IP 60
	Platte			$d = 22$ cm
SuS 7	RT	2 IP 80	2 IP 100	2 IP 120
	MT	5 IP 60	5 IP 80	5 IP 100
	LQT	2 (2) IP 40	2 (2) IP 60	2 (2) IP 60
	EQT	2 IP 40	2 IP 40	2 IP 60
	Platte			$d = 20$ cm
SuS 8	RT	2 IP 80	2 IP 100	2 IP 120
	MT	6 IP 60	6 IP 80	6 IP 100
	LQT	2 (2) IP 40	2 (2) IP 60	2 (3) IP 60
	EQT	2 IP 40	2 IP 40	2 IP 60
	Platte			$d = 18$ cm

Bemerkung für die Tabellen 10.1 und 10.2: Die Einteilung der LQT ist an die konstruktive Bedingung gebunden, daß bei der Typenreihe S 3 etwa quadratische bis etwa 5,5 m lange, bei den übrigen Typenreihen bis etwa 11 m lange Plattenfelder entstehen. Um obige Grenzen innezuhalten, darf, wo erforderlich, die angegebene Stückzahl der LQT geändert, jedoch das Gesamtträgheitsmoment der in den Tabellen angegebenen Stückzahl nicht unterschritten werden. Näheres s. 3.24. Bei den LQT beziehen sich die eingeklammerten Stückzahlen auf die Ausführung der Hauptträger in St 52. Für Querträger wird in allen Fällen St 37 verwendet.

Bemessungs-Tabelle 10.3

Tabelle 10.3.

Typenbereich A. Randträgerabstand $l_Q = 10{,}50$.

Brückenklasse I A (Cl 70).

Walzprofile der geraden Brücken.

Träger IP nach DIN 1025.
Baustoff St 37 und St 52 (Schweißgüte).
Gehbahnbreite (außen) 1,0 m.
Mittelstreifen der Autobahn 2,0 m.

Typenform		a	b	c
A 4	RT	2 IP 80	2 IP 100	2 IP 120
	MT	2 IP 60	2 IP 80	2 IP 100
	LQT	2 (2) IP 40	2 (2) IP 60	2 (2) IP 60
	EQT	2 IP 40	2 IP 40	2 IP 40
	Platte			$d = 26$ cm
A 5	RT	2 IP 80	2 IP 100	2 IP 120
	MT	3 IP 60	3 IP 80	3 IP 100
	LQT	2 (2) IP 40	2 (2) IP 60	2 (2) IP 60
	EQT	2 IP 40	2 IP 40	2 IP 60
	Platte			$d = 24$ cm
A 6	RT	2 IP 80	2 IP 100	2 IP 120
	MT	4 IP 60	4 IP 80	4 IP 100
	LQT	2 (2) IP 40	2 (2) IP 60	2 (2) IP 60
	EQT	2 IP 40	2 IP 40	2 IP 60
	Platte			$d = 22$ cm
A 7	RT	2 IP 80	2 IP 100	2 IP 120
	MT	5 IP 60	5 IP 80	5 IP 100
	LQT	2 (2) IP 40	2 (2) IP 60	2 (2) IP 60
	EQT	2 IP 40	2 IP 40	2 IP 60
	Platte			$d = 20$ cm
A 8	RT	2 IP 80	2 IP 100	2 IP 120
	MT	6 IP 60	6 IP 80	6 IP 100
	LQT	2 (2) IP 40	2 (2) IP 60	2 (2) IP 60
	EQT	2 IP 40	2 IP 40	2 IP 60
	Platte			$d = 18$ cm

Bemerkung: Die Einteilung der LQT ist an die konstruktive Bedingung gebunden, daß bei der Typenreihe S 3 etwa quadratische bis etwa 5,5 m lange, bei den übrigen Typenreihen bis etwa 11 m lange Plattenfelder entstehen. Um obige Grenzen innezuhalten, darf, wo erforderlich, die angegebene Stückzahl der LQT geändert, jedoch das Gesamtträgheitsmoment der in den Tabellen angegebenen Stückzahl nicht unterschritten werden. Näheres s. 3.24. Bei den LQT beziehen sich die eingeklammerten Stückzahlen auf die Ausführung der Hauptträger in St 52. Für Querträger wird in allen Fällen St 37 verwendet.

Enden nachzuarbeiten sind. Diese Nahtformen bedingen ein zähes Schweißgut. Die gegenüber vollen Kehlnähten geringeren Schweißgutmengen wirken sich in der Einsparung von Schweißdrähten sowie in der Verminderung der Schrumpfspannungen aus. Von den verschiedenen Ausführungsmöglichkeiten wird besonders die Ausbildung 1 empfohlen. Hier ist beim Zusammenbau auf der Baustelle die Schweißarbeit an den Mittelträgern auf die Herstellung von leicht zugänglichen Stumpfnähten

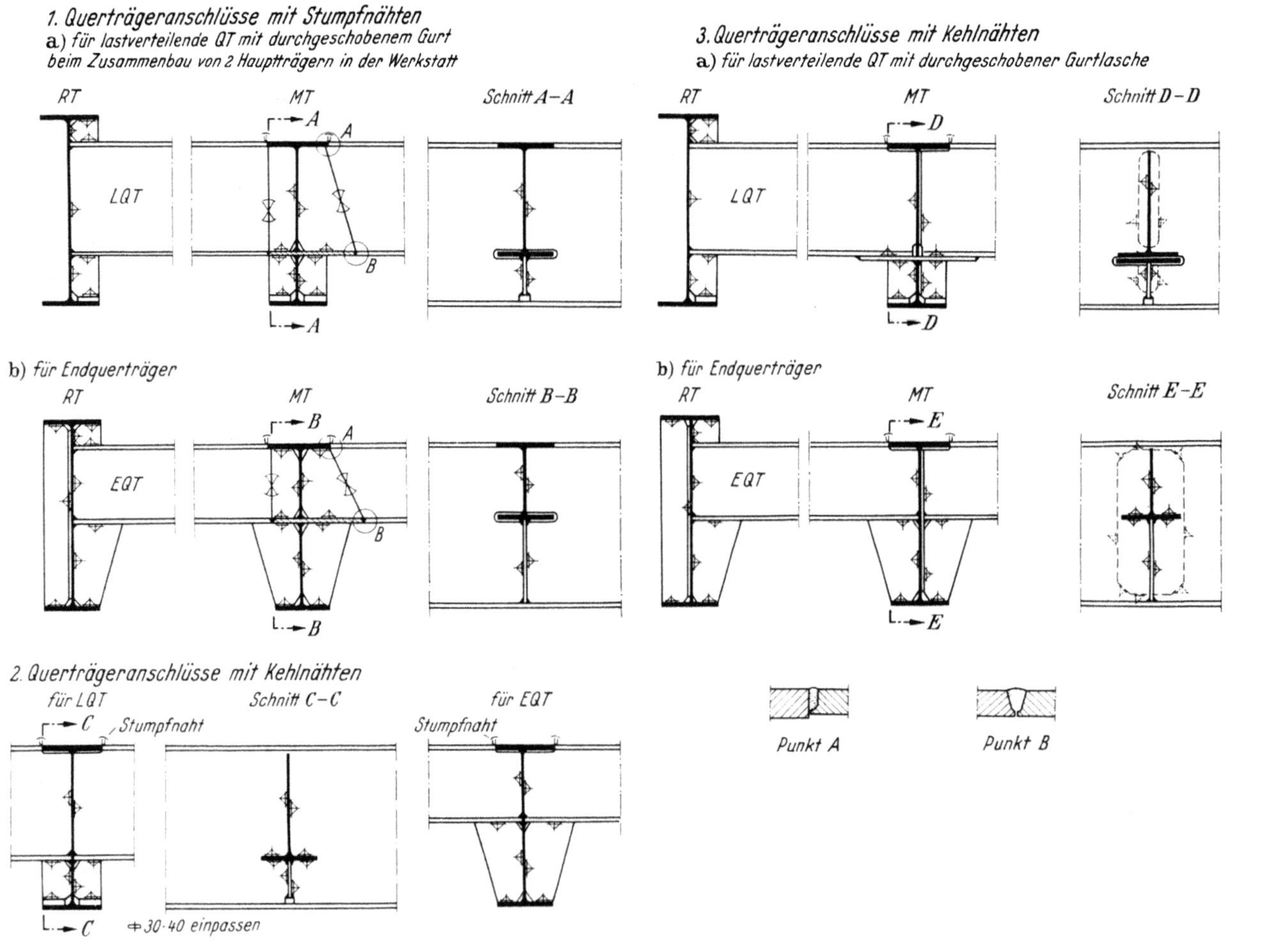

Abb. 22. Regelausführung der Querträgeranschlüsse.

in Ebenen beschränkt, die durch die oberen Flanschränder der Mittelträger schräg nach unten verlaufen. Die einzelnen Teilstücke der Querträger werden dabei zwischen die vorher verlegten und ausgerichteten Hauptträgerpaare eingeschoben. Sie können bequem und einwandfrei mit den Flanschen der Mittelträger oben sowie mit den an den Mittelträgerstegen befestigten Anschlußblechen und den unten durchgeschobenen Laschen verschweißt werden. An die Randträger ist der Anschluß der Querträger stets unmittelbar durch Kehlnähte vorgesehen. Die Anschlüsse sind für die beiden Stahlsorten St 37 und St 52 gleich. Die Anschluß- und Aussteifungsbleche werden zwischen den Trägerflanschen sanft eingepaßt; sie können beide einschließlich der durch den Steg der Mittelträger durchgesteckten Laschen bereits im Werk eingeschweißt werden. Hierbei sind die Walztoleranzen bei den Trägerhöhen zu beachten.

Auf die sorgfältige Ausführung der Querträgeranschlüsse wird besonders verwiesen, da die lastverteilende Wirkung der Querträger wesentliches Kennzeichen

Tabelle 11.1.

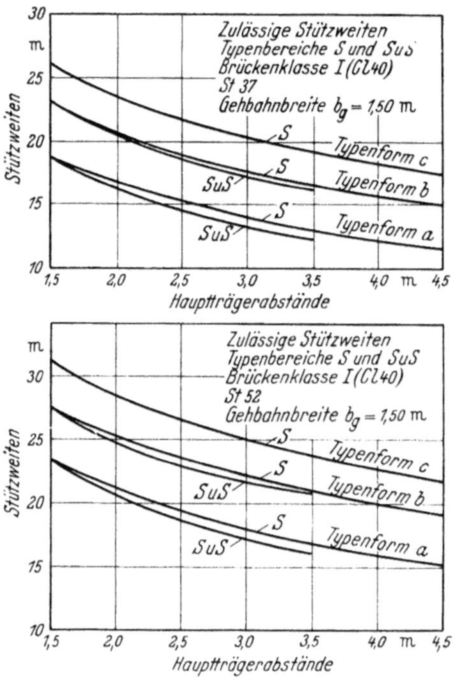

Tabelle 11.2.

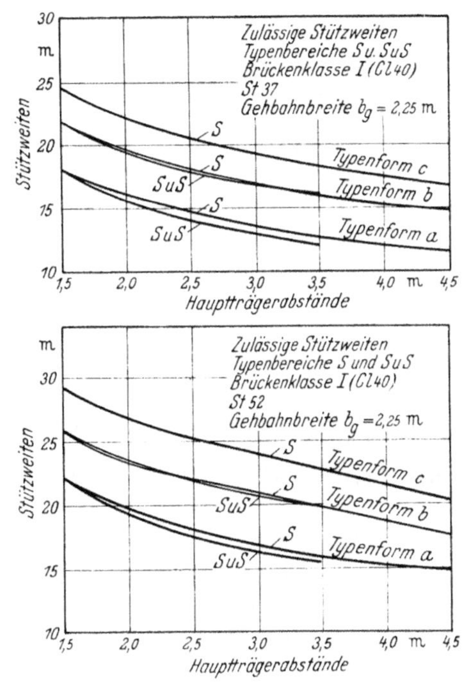

Tabelle 11.3.

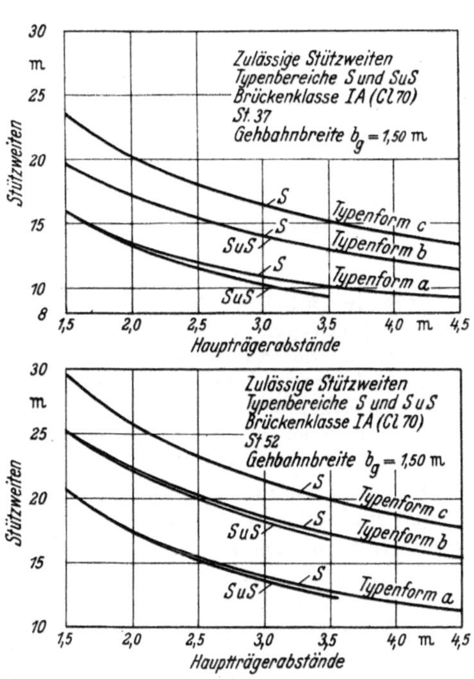

Tabelle 11.4.

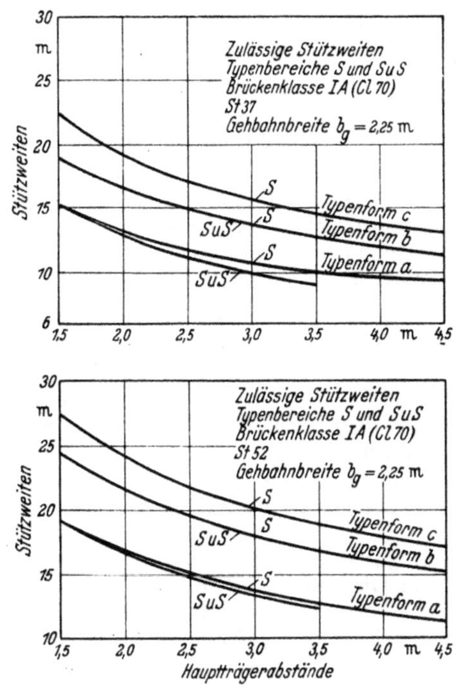

der Bauweise ist. Die Querträgeranschlüsse können mit Hilfe der Bemessungstabelle 12 bemessen werden.

Tabelle 12. | Bemessungs-Tabelle 12

Für die Querträgeranschlüsse maßgebende Größtwerte der Momente und Querkräfte der lastverteilenden Querträger infolge ständiger Last und Verkehrslast ohne Schwinden

Typenbereich: S. Typenformen: a, b, c.

Brückenklasse: I (Cl 40) und I A (Cl 70).

Typenreihe	Anschlußwerte	
S 3	$_{max}M$ [tm] $_{max}Q$ [t]	45 30
S 4	$_{max}M$ [tm] $_{max}Q$ [t]	48 26
S 5	$_{max}M$ [tm] $_{max}Q$ [t]	50 24
S 6	$_{max}M$ [tm] $_{max}Q$ [t]	50 24
S 7	$_{max}M$ [tm] $_{max}Q$ [t]	50 23

Biegemomente M_s und Normalkräfte N_s infolge Schwinden gesondert berechnen.
Für die breiteren Typen SuS und A sowie für die Abwandlungen auf größere Breiten ist ein Zuschlag von 25 % zu den obigen Tabellenwerten zu machen.

3.105 Ausbildung und Anordnung der Dübel.

Als Verbundmittel zur schubfesten Verbindung von Brückentafel und Stahlkreuzwerk sind steife Dübel angeordnet worden. Es sind hierbei zu unterscheiden:

1. einheitliche Querkraftdübel (Regeldübel) von 10 t Tragkraft, bestehend aus Vierkantstahl 28·55·120 und aus einem Rundstahlbügel d = 12 — Dübelform 10;

2. Schwinddübel von 23,5 t Tragkraft, bestehend aus Vierkantstahl 28·55·280 und aus zwei Rundstahlbügeln d = 12 — Dübelform 23,5.

Die Dübel sind in Trägerachse aufgesetzt und durch ringsumgeschweißte flache Kehlnähte mit den Trägern verbunden; Dicke der Kehlnaht a = 10 mm. Mit gleichdicken Kehlnähten sind auch die Bügel an die Vierkante angeschweißt.

Die beidseitigen letzten drei Enddübel jedes Längsträgers sind als Sonderdübel wie folgt bemessen worden (Trägerende links):

a) aus Querkraft für	10 t	10 t	10 t
b) zusätzlich aus Temperatur, Schwinden und Kriechen (insgesamt 40 t je Träger) für	13,5 t	13,5 t	13,5 t
c) Dübelform	23,5 t	23,5 t	23,5 t

Die Endquerstreifen der Brückentafel im Bereich obiger Enddübel sind als Querscheiben bewehrt worden. Die unter 45° nach dem Verlauf der entsprechenden Zugkräfte angeordnete Schrägbewehrung je Längsträger verläuft wie folgt:

a) Schrägbewehrung aus Verkehrslast entsprechend 3 mal 10 t Dübelkraft nach dem jeweiligen Brückenende offen,

b) Schrägbewehrung aus Temperatur usw. entsprechend 3 mal 13,5 t Dübelkraft nach Brückenmitte offen.

Ähnliche Spannungsverläufe gelten auch für die Querrichtung des Tragwerks. Auf den Querträgern ist durch-

Tabelle 13.1. | Bemessungs-Tabelle 13.1

Abstände der Querkraftdübel auf den Endabschnitten der Hauptträger in cm.

Tragfähigkeit eines Dübels rd. 10 t.

Typenbereiche: S, SuS mit Gehbahnbreiten b_g = 1,50 m und b_g = 2,25 m.

Typenbereich: A mit Randträgerabstand l_Q = 10,5 m.

Brückenklasse I (Cl 40).

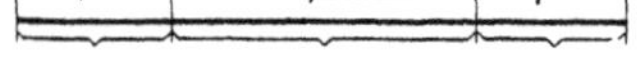

<table>
<tr><th>Typenform</th><th>a</th><th>b</th><th>c</th></tr>
<tr><td colspan="4">Randträger St 37</td></tr>
<tr><td>S 3, SuS 4, A 4</td><td colspan="3">30</td></tr>
<tr><td>S 4, SuS 5, A 5</td><td></td><td>35</td><td>40</td></tr>
<tr><td>S 5, SuS 6, A 6</td><td>35</td><td>45</td><td rowspan="2">50</td></tr>
<tr><td>S 6, SuS 7, A 7</td><td>40</td><td rowspan="2"></td></tr>
<tr><td>S 7, SuS 8, A 8</td><td>45</td><td>60</td></tr>
<tr><td colspan="4">Mittelträger St 37</td></tr>
<tr><td>S 3, SuS 4, A 4</td><td>20</td><td>25</td><td>30</td></tr>
<tr><td>S 4, SuS 5, A 5</td><td rowspan="2">25</td><td>30</td><td>35</td></tr>
<tr><td>S 5, SuS 6, A 6</td><td>35</td><td>40</td></tr>
<tr><td>S 6, SuS 7, A 7</td><td>30</td><td rowspan="2">40</td><td>45</td></tr>
<tr><td>S 7, SuS 8, A 8</td><td>35</td><td>50</td></tr>
<tr><td colspan="4">Randträger St 52</td></tr>
<tr><td>S 3, SuS 4, A 4</td><td colspan="2">25</td><td>30</td></tr>
<tr><td>S 4, SuS 5, A 5</td><td>30</td><td colspan="2">35</td></tr>
<tr><td>S 5, SuS 6, A 6</td><td rowspan="2">35</td><td colspan="2">40</td></tr>
<tr><td>S 6, SuS 7, A 7</td><td></td><td>45</td></tr>
<tr><td>S 7, SuS 7, A 8</td><td>40</td><td>45</td><td>50</td></tr>
<tr><td colspan="4">Mittelträger St 52</td></tr>
<tr><td>S 3, SuS 4, A 4</td><td colspan="2">20</td><td>25</td></tr>
<tr><td>S 4, SuS 5, A 5</td><td rowspan="3">25</td><td>25</td><td>30</td></tr>
<tr><td>S 5, SuS 6, A 6</td><td>30</td><td>35</td></tr>
<tr><td>S 6, SuS 7, A 7</td><td>35</td><td>40</td></tr>
<tr><td>S 7, SuS 8, A 8</td><td>30</td><td>40</td><td>45</td></tr>
</table>

Auch für die verlängerten Schwinddübel an den Trägerenden gelten obige Abstände.

weg die normale Dübelform 10 angeordnet. Die an den Enden der Querträger erforderliche Vermehrung der Dübel ist durch die Randlängsträgerdübel bereits gegeben. Die Gehbahnen bilden die jeweiligen Endlängsstreifen der Brückentafel. Auch hier ist auf eine der Scheibenwirkung angemessene Bewehrung zur Aufnahme der Schrägzugkräfte zu achten.

Die Dübelformen und die Endschrägbewehrung der Brückentafel sind auf Abb. 23 und 24 dargestellt.

Die Abstände der Dübel in der Längs- und Querrichtung der Träger hängen von dem Verlauf der Schubkräfte ab. Sie sind deshalb für die einzelnen Brückentypen und -klassen, sowie je nach dem für die Stahlkon-

Bemessungs-Tabelle 13.2

Tabelle 13.2.

Abstände der Querkraftdübel auf den Endabschnitten der Hauptträger in cm.

Tragfähigkeit eines Dübels rd. 10 t.

Typenbereiche: S, SuS mit Gehbahnbreiten $b_g = 1{,}50$ m und $b_g = 2{,}25$ m.

Typenbereich: A mit Randträgerabstand $l_Q = 10{,}5$ m

Brückenklasse I A (Cl 70).

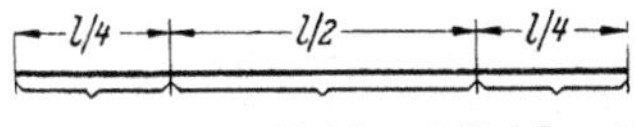

Typenform	a	b	c
Randträger St 37			
S 3, SuS 4, A 4	20		25
S 4, SuS 5, A 5	30		35
S 5, SuS 6, A 6	35		40
S 6, SuS 7, A 7	40	45	
S 7, SuS 8, A 8	45		50
Mittelträger St 37			
S 3, SuS 4, A 4	10*	12,5*	15*
S 4, SuS 5, A 5	15*	20	25
S 5, SuS 6, A 6	20		30
S 6, SuS 7, A 7		25	35
S 7, SuS 8, A 8	25	30	
Randträger St 52			
S 3, SuS 4, A 4	20		25
S 4, SuS 5, A 5	25	30	
S 5, SuS 6, A 6	30	35	40
S 6, SuS 7, A 7	35	40	45
S 7, SuS 8, A 8	40	45	50
Mittelträger St 52			
S 3, SuS 4, A 4	10*	12,5*	15*
S 4, SuS 5, A 5	15*	17,5	20
S 5, SuS 6, A 6	17,5	20	25
S 6, SuS 7, A 7	20	25	30
S 7, SuS 8, A 8		30	35

Auch für die verlängerten Schwinddübel an den Trägerenden gelten obige Abstände.

Für die mit * versehenen Teilungen sind 2 nebeneinanderstehende Dübel in doppeltem Abstand anzuordnen. Hierbei entfallen die Sonderdübel (Schwinddübel) wegen der fortlaufenden engen Dübelteilung, jedoch keinesfalls die Schrägzugbewehrung.

struktion verwendeten Werkstoff verschieden. Sie können den Bemessungstabellen 13 entnommen werden. Bei den Hauptträgern werden 4 Abschnitte von der Länge $l/4$ unterschieden. In den beiden Endabschnitten mit der Länge von je $l/4$ erhalten die Dübel den Abstand gemäß den Werten der Tabellen, in den beiden mittleren Trägerteilen auf die Länge $l/2$ den 1,5fachen Abstand.

Grundsätzlich können bei den Querträgern die Dübelabstände über die ganze Trägerlänge gleich angenommen werden. Die erforderlichen Abstände sind ebenfalls in der Bemessungstabelle 13.3 angegeben.

Die größten Schubkräfte treten in der Nähe der Trägerenden auf. Die Teilung ist bei den Hauptträgern deshalb so einzurichten, daß wenigstens ein Dübel schon vor dem theoretischen Auflagerpunkt auf dem überstehenden Trägerendstück angeordnet wird.

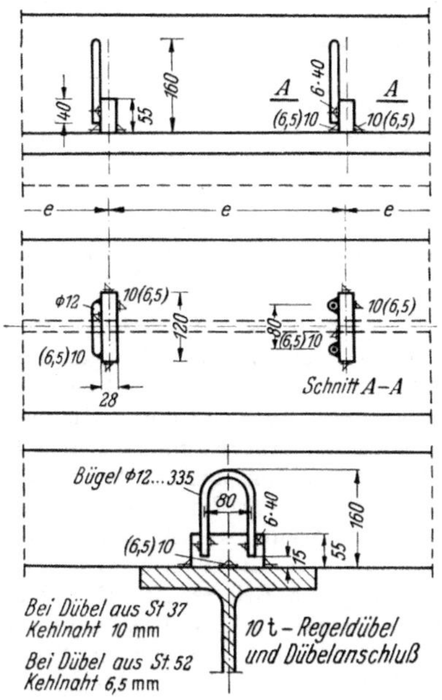

Abb. 23. 10-t-Regeldübel und Dübelanschluß.

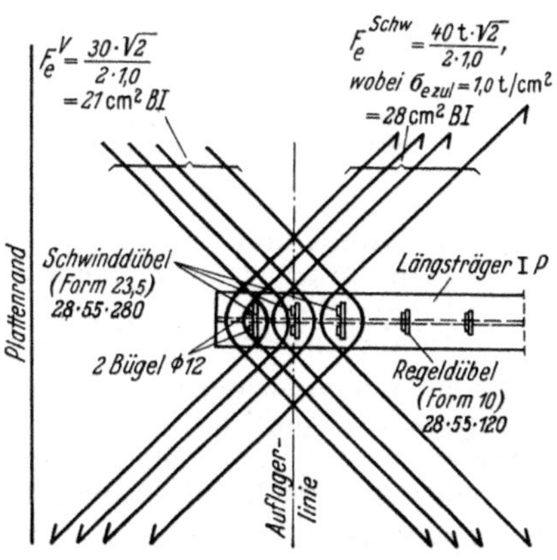

Abb. 24. Enddübel der Längsträger und Schrägbewehrung der Endquerscheibe.

Bemessungs-Tabelle 13.3

Tabelle 13.3.

Abstände der Querkraftdübel auf den Querträgern in cm.

Tragfähigkeit eines Dübels rd. 10 t.

Typenbereiche: S, SuS, A.

Brückenklasse: I (Cl 40) und I A (Cl 70).

Die Teilungen sind über die Querträgerlänge gleich.

Typenform:	a	b	c
Brückenklasse I (Cl 40)			
S 3, SuS 4, A 4			
S 4, SuS 5, A 5			
S 5, SuS 6, A 6	35	45	
S 6, SuS 7, A 7			
S 7, SuS 8, A 8			

Zu Tabelle 13.3

<table>
<tr><th>Typenform:</th><th>a</th><th>b</th><th>c</th></tr>
<tr><td colspan="4">Brückenklasse I A (Cl 70)</td></tr>
<tr><td>S 3, SuS 4, A 4</td><td rowspan="5">20</td><td rowspan="5" colspan="2">30</td></tr>
<tr><td>S 4, SuS 5, A 5</td></tr>
<tr><td>S 5, SuS 6, A 6</td></tr>
<tr><td>S 6, SuS 7, A 7</td></tr>
<tr><td>S 7, SuS 8, A 8</td></tr>
</table>

Diese Tabelle gilt für St 37 und St 52 der Hauptträger und für $b_g = 1{,}50$ m und 2,25 m.

3.106 Schiefe Brücken.

Die tatsächlich auftretenden Kreuzungswinkel der Verkehrswege sind meistens nicht rechtwinklig. Die Brücken sind daher links oder rechts schief. Die Regelformen können auch als schiefe Brücken bis zu einem Kreuzungswinkel $\alpha = 30°$ Anwendung finden. Sämtliche Angaben über das stählerne Kreuzwerk der geraden Brücken dürfen beibehalten werden, wenn die Kreuzsteifigkeit z' der schiefen Brücke gleicher Stützweite gleich der Kreuzsteifigkeit z der geraden Brücke ist. Dies kann im allgemeinen durch Verstärken des Trägheitsmomentes der lastverteilenden Querträger in einfacher Weise bewirkt werden. Es gelten dann laut Homberg [1] folgende Beziehungen:

Schiefe Brücke — Gerade Brücke

$$z' = \left(\frac{l}{l'_Q}\right)^3 \frac{I'_Q}{I} \quad = \quad z = \left(\frac{l}{l_Q}\right)^3 \frac{I_Q}{I}$$

$$\text{oder } I'_Q = I_Q \left(\frac{l'_Q}{l_Q}\right)^3$$

Darin ist:

l Stützweite und

I Trägheitsmoment der Hauptträger,

l_Q l'_Q Länge und

I_Q I'_Q Trägheitsmoment der Querträger.

Unter diesen Voraussetzungen gelten die für gerade Kreuzwerke gemachten Angaben der Zusammenstellungen, Bemessungstabellen und Linientafeln auch für schiefe Kreuzwerke mit folgenden Einschränkungen:

Bemessungstabellen 9: Stahlgewichte. Wegen der stärkeren lastverteilenden Querträger (LQT) sind geringe Gewichtszuschläge erforderlich.

Bemessungstabellen 10: Walzprofile. Für die LQT sind die angegebenen Profile wegen der Brückenschiefe zu verstärken gemäß

$$I'_Q = I_Q \left(\frac{l'_Q}{l_Q}\right)^3.$$

Bemessungstabelle 12: Querträgeranschlüsse. Hier gilt

$$_{\max}M'_Q = \frac{l'_Q}{l_Q}\,_{\max}M_Q,$$

$$_{\max}Q'_Q = {}_{\max}Q_Q.$$

Darin sind $_{\max}M_Q$ und $_{\max}Q_Q$ die für gerade Brücken angegebenen Werte.

Bei schiefen Brücken müssen in jedem Fall mit Rücksicht auf die Anschlüsse der Querträger die Oberflächen der mittleren Hauptträger und der Querträger auf gleicher, waagrechter Ebene liegen. Das Quergefälle ist daher auch hier durch Schrägen ohne zusätzliche Verstärkung der Fahrbahnplatte zu bilden.

Bei schiefen Brücken der Typenreihen S 3, SuS 4 und A 4 müssen zur Unterstützung der Fahrbahntafel zwei bzw. drei zusätzliche, sekundäre Längsträgerstränge angeordnet werden. Die Abmessungen dieser zusätzlichen Längsträger werden nicht angegeben, sie sind im Einzelfall zu berechnen.

Die durch die Brückenschiefe erforderlichen zusätzlichen Stahlgewichte sind nicht angegeben.

3.107 Lager.

Zur Übertragung der Auflagerkräfte auf den Unterbau sind auf der einen Seite Linienkipplager, auf der anderen Seite Einrollenlager vorgesehen. Es stehen mehrere Lagertypen zur Verfügung, und zwar mit 50 bis 100 t Tragkraft (Abb. 25 und 26). Sie sind für alle Typen zu verwenden. Bemessungstabellen 14 geben die Lagerabmessungen an. Die für die einzelnen Regelformen notwendigen Lagergrößen sind den Bemessungstabellen 7 zu entnehmen.

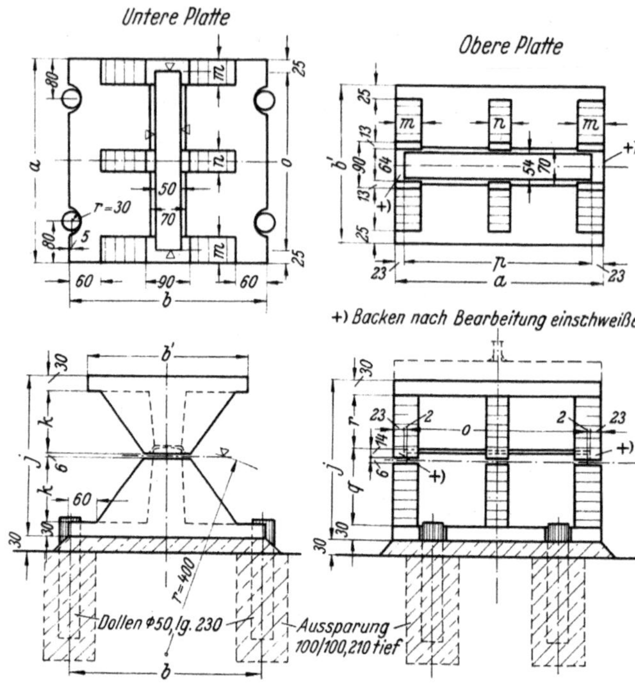

Abb. 25. Festes Lager der Regelformen. Stg. 52. 81 S oder St. 52 Schweißgüte. Zementmörtel 1 : 3, 400 kg Zement/m³ Sand

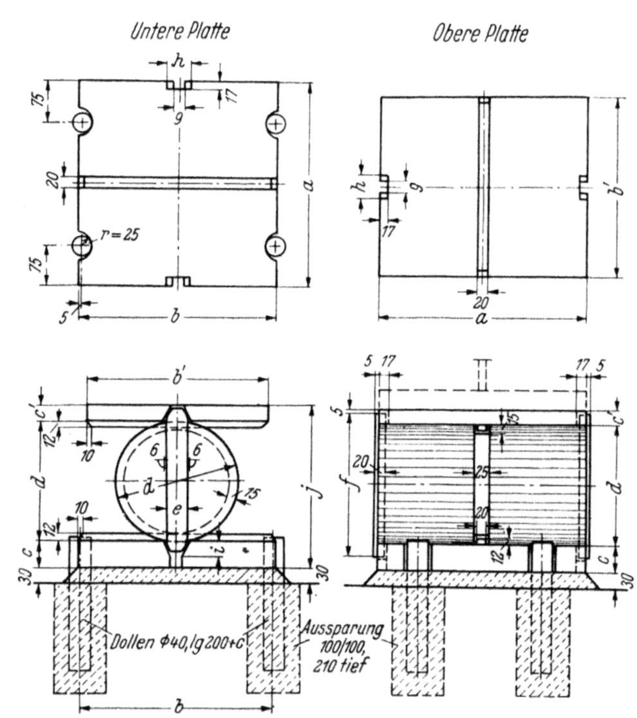

Abb. 26. Rollenlager der Regelformen. Stg. 52. 81 S oder St. 52 Schweißgüte. Zementmörtel 1 : 3, 400 kg Zement/m³ Sand.

3.108 Überhöhung.

Sämtliche stählerne Hauptträger erhalten eine Überhöhung zum Ausgleich der Durchbiegungen aus

1. der anteiligen ständigen Last,
2. dem Schwinden der Stahlbetontafeln,
3. dem Schweißen der Dübelverbindungen.

Die zu 1. und 2. erforderliche Überhöhung f kann für alle Regelformen und ihre Abwandlungen nach Brückenwinkel, Verkehrsbreiten und Bauhöhe den Bemessungstabellen 15 entnommen werden. Die erforderliche Überhöhung zu 3. ist Erfahrungssache. Bei waagrechter oder nahezu waagrechter Straßentrasse ist außerdem noch so weit zu überhöhen, daß der Wasserabfluß von der Brückentafel zu den Regenabläufen gesichert ist. Die Form der Überhöhung kann nach einem Kreisbogen gewählt werden. Sie ist im Walzwerk oder in der Stahlbauanstalt an den Walzträgern herzustellen.

Tabelle 14. | Bemessungs-Tabelle 14

Übersicht über die Lagerabmessungen. Maße in mm. Maßbezeichnungen a, b, ... r sind auf Abb. 25 und 26 dargestellt. Baustoff Stg 52.81 S oder St 52 Schweißgüte.

Tragfähigkeit A		50 t		75 t		100 t	
Lagerlänge a [mm]		300	400	300	400	400	500
Feste Lager	b	340	250	500	380	500	400
	b	270	180	430	310	430	330
	j	290	220	420	315	410	325
	k	112	77	177	124,5	172	128,5
	m	40	50	40	50	50	50
	n	30	40	30	40	40	40
	o	250	350	250	350	350	450
	p	254	354	254	354	354	454
	q	152	97	197	144,5	192	149,5
	r	98	63	163	110,5	158	115,5
Gewicht	[kg]	103	88	180	154	229	193
Rollenlager	b	340	250	500	380	500	400
	b	270	250	400	350	400	350
	c	50	40	75	55	75	60
	c′	30	30	35	30	35	35
	d	210	150	310	230	300	230
	e	40	30	60	40	60	50
	f	250	200	370	280	360	290
	g	30	20	35	25	35	30
	h	45	35	65	45	65	55
	i	30	30	35	30	35	35
	j	290	220	420	315	410	325
Gewicht	[kg]	156	125	299	250	369	339

Tabelle 15. 1. | Bemessungs-Tabelle 15. 1

Überhöhungen der stählernen Hauptträger.
HT — Überhöhungen in cm.

Die Überhöhungen wurden für ständige Last und Schwinden berechnet. Rand- und Mittelträger erhalten die gleichen Überhöhungen.

Typenbereich: S.

Stahlsorten St 37 und St 52 der Hauptträger.

Gehbahnbreite $b_g = 2{,}25$ m.

Brückenklasse I (Cl 40. — Brückenklasse I A (Cl 70).

Typenform		a	b	c	Typenform		a	b	c
S 3	St 37	2,0	2,4	2,7	S 3	St 37	1,0	1,2	1,3
	St 52	4,2	5,0	5,7		St 52	1,6	2,4	3,1
S 4	St 37	2,7	3,0	3,3	S 4	St 37	1,2	1,5	1,8
	St 52	5,7	6,3	7,0		St 52	2,9	3,8	4,7
S 5	St 37	3,4	3,6	3,9	S 5	St 37	1,6	2,0	2,3
	St 52	7,2	7,6	8,2		St 52	3,9	4,8	5,7
S 6	St 37	4,0	4,2	4,4	S 6	St 37	2,0	2,5	3,0
	St 52	8,5	8,9	9,3		St 52	4,7	5,7	6,6
S 7	St 37	4,6	4,8	4,9	S 7	St 37	2,5	3,2	3,9
	St 52	9,7	10,0	10,3		St 52	5,5	6,4	7,4

Die Überhöhungen für $b_g = 1{,}50$ m können genau genug durch Umrechnung der vorstehenden Tabellenenwerte nach dem Stützweitenverhältnis gemäß Tabelle 8.1 unter Zuschlag von 20 % ermittelt werden.

Für Verkehr ist nicht zu überhöhen!

Tabelle 15. 2. | Bemessungs-Tabelle 15. 2

HT — Überhöhungen in cm.

Die Überhöhungen wurden für ständige Last und Schwinden berechnet. Rand- und Mittelträger erhalten die gleichen Überhöhungen.

Typenbereiche SuS und A, letzterer für Brückenklasse I A (Cl 70) und für $l_Q = 10{,}5$ m.

Stahlsorten St 37 und St 52 der Hauptträger.

Gehbahnbreite $b_g = 2{,}25$ m beim Typenbereich SuS.

Brückenklasse I (Cl 40). — Brückenklasse I A (Cl 70).

Typenform		a	b	c	Typenform		a	b	c
SuS 4	St 37	2,7	3,0	*	SuS 4 A 4	St 37	1,3	1,5	*
	St 52	5,7	6,3			St 52	2,2	3,0	
SuS 5	St 37	3,0	3,2	*	SuS 5 A 5	St 37	1,4	1,6	*
	St 52	6,3	6,7			St 52	3,2	4,0	
SuS 6	St 37	3,4	3,6	*	SuS 6 A 6	St 37	1,7	2,0	*
	St 52	7,2	7,5			St 52	4,0	4,8	
SuS 7	St 37	3,9	4,1	*	SuS 7 A 7	St 37	2,0	2,5	*
	St 52	8,2	8,6			St 52	4,6	5,6	
SuS 8	St 37	4,6	4,8	4,9	SuS 8 A 8	St 37	2,5	3,2	*
	St 52	9,7	10,1	10,3		St 52	5,5	6,4	

Die Überhöhungen vom Typenbereich SuS für $b_g = 1{,}50$ m können genau genug durch Umrechnung der vorstehenden Tabellenwerte nach dem Stützweitenverhältnis gemäß Tabelle 8.2 unter Zuschlag von 20 % ermittelt werden.

Für Verkehr ist nicht zu überhöhen.

* Die Berechnung der fehlenden Werte ist leider unterblieben.

3.109 Abwandlungen der Regelformen auf beliebige Straßenbreiten und Bauhöhen.

Mit zunehmender Brückenbreite nehmen vom Bereich S zum Bereich SuS die zulässigen Stützweiten der Regelformen teilweise ab. Diese Erscheinung setzt sich jedoch bei weiter zunehmender Brückenbreite nicht fort. Die Tabellen des Typenbereichs SuS können daher auch für beliebige größere Breiten benutzt werden, wenn der Hauptträgerabstand $a \leqq 3{,}5$ m gewählt wird.

Für Straßenbreiten $7{,}5 \leqq b_f \leqq 9{,}0$ m kann bezüglich der Stützweiten in den Bemessungstabellen 8 zwischen den Typenbereichen S und SuS interpoliert werden.

Sind die Straßenbreiten $6{,}0 \leqq b_f \leqq 7{,}5$ m, so sind für Abstände $a \leqq 3{,}0$ m die Werte des Bereichs S anzusetzen. Sind die Gehbahnbreiten größer als 2,25 m, so sind die Auskragungen $\leqq 1{,}5$ m zu wählen und die Hauptträger auf die Brückenbreite entsprechend zu verteilen.

Bei allen Abwandlungen muß $l_Q \geqq b_f + 1{,}5$ m eingehalten werden.

Die Stützweiten der Abwandlungen sind auf Grund der Bemessungstabellen 8 oder der Linientabellen 11 zu wählen. Einige Abwandlungen sind in Abb. 27 dargestellt.

Die Bauhöhen der angegebenen Regelformen passen sich in sehr weiten Grenzen den meist vorhandenen Bauhöhen der Straßenbrücken an. Es können jedoch Fälle auftreten, daß noch größere oder noch kleinere Bauhöhen möglich oder notwendig sind. Die Plattenkreuzwerke der Regelformen können dann nach der Höhe abgewandelt werden.

Bei Abwandlung auf größere Höhe sind die Werte W und W_R genau, die Größe W_Q und das Verhältnis $I_Q : I$ angenähert beizubehalten, da die Bemessung des Plattenkreuzwerks auf zulässige Spannungen der Verbundlängsträger erfolgt. Bei Abwandlung auf kleinste Höhen wird die Bemessung auf zulässige Durchbiegungen notwendig. Die Trägheitsmomente I, I_R und I_Q der Regelformen müssen dann auch bei den abgewandelten Formen genau beibehalten werden.

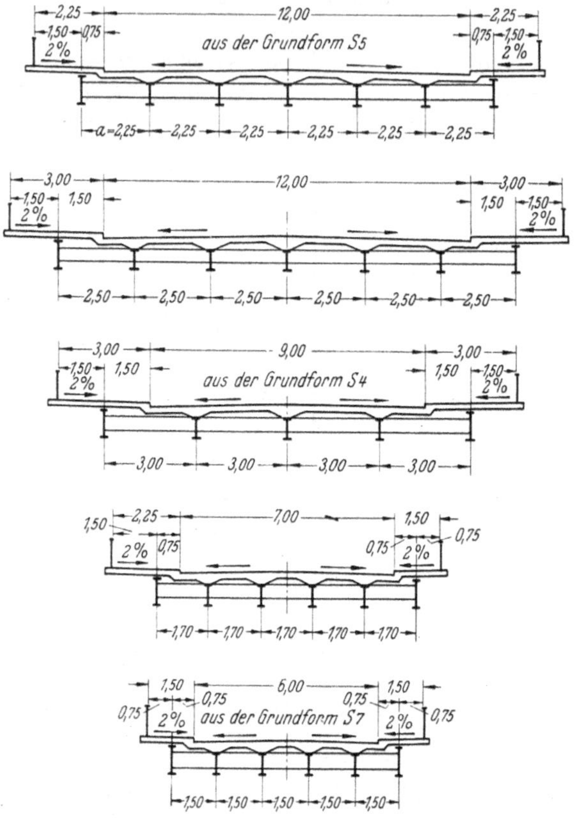

Abb. 27. Abwandlungen der Regelformen auf andere Verkehrsbreiten.

Bezeichnungen der Trägheits- und Widerstandsmomente der einzelnen Verbundträger:

I und W der mittleren Hauptträger,
I_R und W_R der Randhauptträger,
I_Q und W_Q der Querträger.

Gleichzeitige Abwandlungen nach Straßenbreite und Trägerhöhe sind in dieser Reihenfolge möglich.

3.110 Überführung von Leitungen.

Auf jeder Seite der Brücke dürfen Leitungen mit einem Gewicht von insgesamt 0,20 t/m innerhalb — nicht außerhalb — des stählernen Kreuzwerks untergebracht werden. Sind größere Leitungen unter der Brückentafel unterzubringen, so muß der Randträger zur Aufnahme der zusätzlichen Lasten verstärkt und nach außen gerückt oder ein zusätzlicher Randträger — mit oder ohne Kreuzwirkung — angeordnet werden (Abb. 28). Leitungen und Überbau dürfen sich in ihren Bewegungen nicht behindern.

3.2 Brückentafel.

3.21 Allgemeine Anordnung.

Die tragende S t a h l b e t o n p l a t t e der Fahrbahn und der Gehbahnen (Abb. 2) ist oben und unten kreuzweise mit Betonstahl I bewehrt (Abb. 29). Sie ist auf den Längs- und Querträgern des Stahlkreuzwerks durchgehend schubsicher gelagert. Ihre statisch nutzbare Dicke wurde über den Auflagern zur Herabsetzung der Betonzugspannungen auf das als zulässig angesehene Maß W 28/10 durch Schrägen, die sich zwanglos aus dem Quergefälle der Fahrbahn ergeben, vergrößert. Die niedrigste Höhe dieser Schrägen, längs oder quer, beträgt 3 cm. Dieses

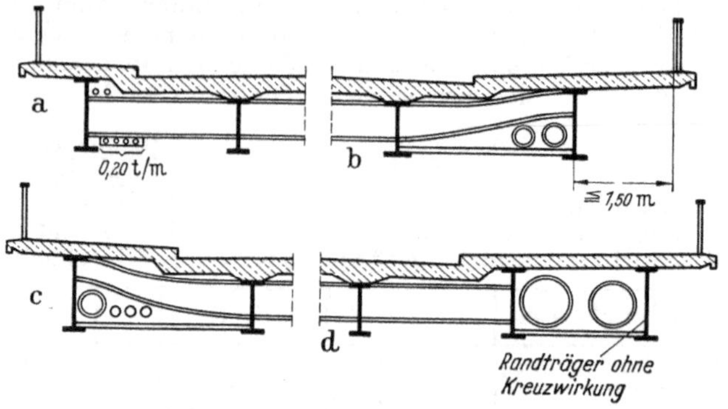

Abb. 28. Unterbringen der Leitungen.

Mindest- und Ausgangsmaß liegt unter dem niedrigsten Rinnstein.

Um auf eine besondere Abdichtung verzichten zu können, wird die Platte aus einem m e c h a n i s c h verdichteten Stahlbeton B 400/45 hergestellt mit besonderer Sorgfalt hinsichtlich eines dichten Oberflächenschlusses. In diesen Bezeichnungen gibt die erste Zahl den Mindestwert der Würfeldruckfestigkeit W_{28}, die zweite Zahl den Mindestwert der gleichzeitigen Biegezugfestigkeit des Betons an. Zur Verbesserung des Schutzes der Betonoberfläche gegen Tausalze sind außerdem Luftporen bildende Zusätze am Platze. Sie ermöglichen als Nebenwirkung

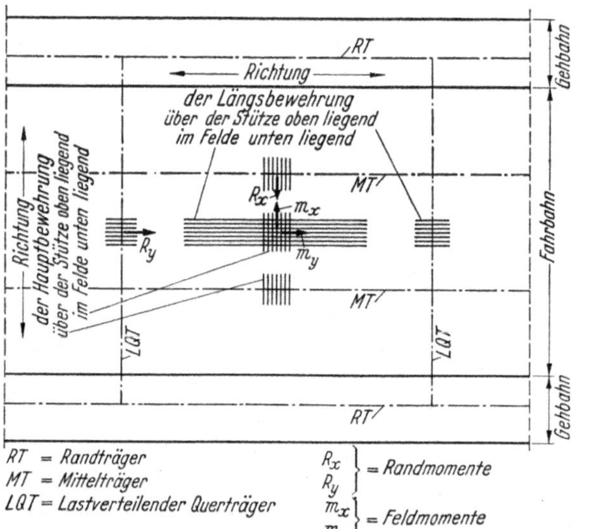

Abb. 29. Brückentafel, Anordnung der kreuzweisen Bewehrung.

einen geschmeidigen Beton und geringeren Wasserzusatz, als auch einen dichteren Beton. Verarbeitungsvorschriften für Deckenbeton mit LP-Zusätzen werden zur Zeit von der Forschungsgesellschaft für das Straßenwesen, Köln-Deutz, aufgestellt; Näheres s. z. B. Beton- und Stahlbetonbau 46 (1951) S. 69 ff.

Für Berechnung und bauliche Durchbildung der Brückentafel sind außerdem die Bestimmungen der DIN 1075 (1951) Ziffer 4.13 zu beachten. Abdruck dieser Sondervorschriften ist als Fußnote[1] beigefügt.

[1] Aus DIN 1075. Auszug aus Punkt 4.13 — Unmittelbar befahrene Stahlbeton-Fahrbahnplatten.
Stahlbeton-Fahrbahnplatten von Straßenbrücken dürfen unmittelbar befahren werden, wenn ihr Beton den Richtlinien für Betonstraßen entspricht, also u. a. wenigstens die Güte B 400 aufweist. Werden die dort geforderten frostbeständigen und verschleißfesten Zuschläge nur

Das für die Entwässerung allgemein erforderliche, in Straßenkrümmungen oder in Übergangsbögen verstärkte Quergefälle der Fahrbahn wird bei unveränderlicher Felddicke der Tafel durch entsprechend gestaffelte Plattenschrägen auf den mit den Unterkanten bündig liegenden Hauptträgern erreicht. Die Fahrbahn der Autobahnbrücken erhält einseitiges Quergefälle.

Die Gehbahntafel kann auch auf einer stählernen Schalung hergestellt werden, die im Bauwerk verbleibt. Sie besteht unterhalb der ausladenden Gehbahn aus einer freitragenden leichten Stahlkonsole, deren Stahltafel am Außenrand in ein einfach profiliertes Gesims übergeht. Die tragenden Rippen der Konsole werden in den Stahlbeton der Gehbahn einbezogen.

Berechnungsannahmen, für die Berechnung vereinfachtes statisches System und Belastungsannahmen der Brückentafel können aus Abb. 30 und 31 ersehen werden.

3.22 Straßendecken.

Es wurden drei verschiedene Arten von Fahrbahndecken berücksichtigt (Abb. 16):

1. Unmittelbar befahrene Stahlbetonfahrbahntafel, gegegebenenfalls mit bituminösem Schutzfilm (z. B. teerölhaltiger Tränkanstrich RA 17 von Paul Lechler, Stuttgart). Letzterer muß fest haften und darf die Griffigkeit der Decke nicht beeinträchtigen. Zu der statisch erforderlichen Dicke *d* der kreuzweise bewehrten Fahrbahnplatte tritt innerhalb der Fahrbahn für Verschleiß eine Zugabe von 2 cm Beton.

2. Hartgußasphaltdecke von 5 bis 6 cm Dicke gemäß DIN 1995/96 in zwei Lagen, aufgeklebt durch Voranstrich.

3. Zur Unterbringung von Straßenbahngleisen wird über der statisch notwendigen Plattendicke eine Höhe von 8 cm benötigt (Abb. 12). Davon entfallen 2 cm auf das Hartmastixbett und 6 cm auf den Hartgußasphanlt. Die Gehbahn erhält einen Gußasphaltbelag von 2 cm Dicke gemäß DIN 1995/96 auf bituminösem Voranstrich.

3.23 Fahrbahnabschlüsse.

Für den Anschluß der Brückenfahrbahn an die Straßenbefestigung wird die Fahrbahnplatte an beiden Brückenenden in gleicher Form fugenlos über die Kammermauern der Widerlager gezogen (Abb. 32). Das Plattenende ist durch einen Abschlußbalken verstärkt und greift mit Spielraum hinter die Kammermauer. In der Berührungsfläche zwischen Kragplatte und Oberfläche der Kammermauer sind mindestens zwei Lagen mit Bitumen aufgeklebte Dichtungsbahnen als waagrechte Bewegungsfuge vorgesehen. Im Bereich der Gehbahnen wird die Brückentafel entsprechend derart über die Flügelmauern gezogen, daß die Bewegungsfuge ohne waagrechten Knick über die ganze Brückenbreite durchläuft.

Im Anschluß an den Abschlußbalken ist hinter einer mit bituminöser Vergußmasse (gemäß Vorl. techn. Lieferbedingungen für bituminöse Fugenvergußmassen der ehem. Direktion der Reichsautobahnen vom Juli 1939, s. a. J. Henke, Aus der Prüfung von Fugenvergußmassen, Straße und Autobahn [3] 1952 S. 46 ff.) abgedichteten Bewegungsfuge als Übergang zur Straßendecke der Strecke eine stark verdübelte Plattenkette angeordnet. Diese ist auf dem Abschlußbalken aufgelagert, mit ihm verdübelt und zweckmäßig über die doppelte Länge des jeweiligen Hinterfüllungskeiles zu erstrecken. Die Kettenglieder aus

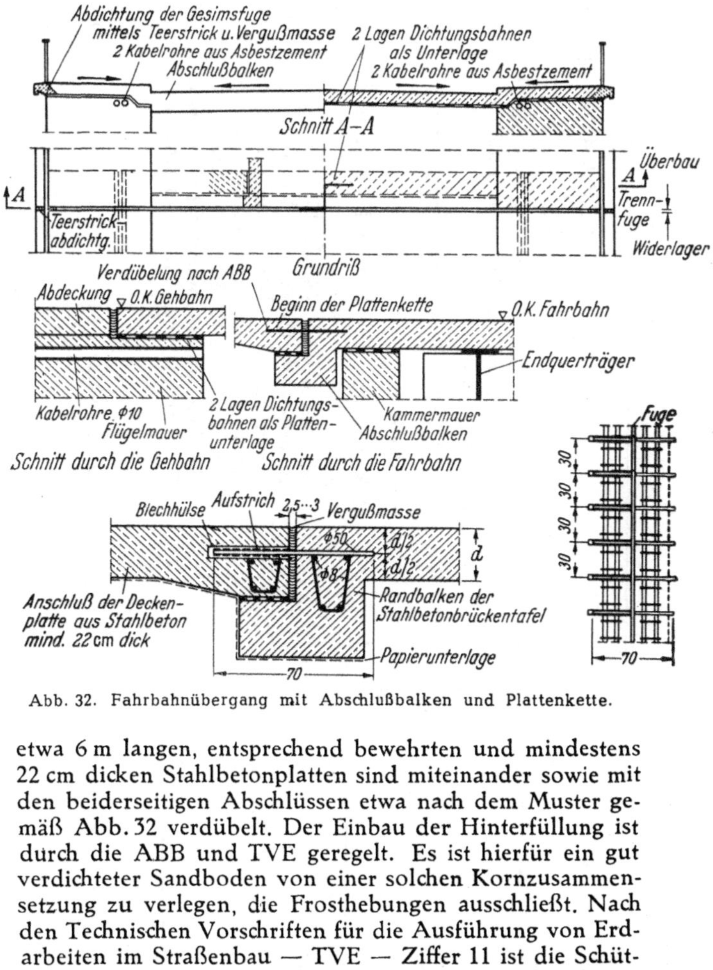

Abb. 32. Fahrbahnübergang mit Abschlußbalken und Plattenkette.

etwa 6 m langen, entsprechend bewehrten und mindestens 22 cm dicken Stahlbetonplatten sind miteinander sowie mit den beiderseitigen Abschlüssen etwa nach dem Muster gemäß Abb. 32 verdübelt. Der Einbau der Hinterfüllung ist durch die ABB und TVE geregelt. Es ist hierfür ein gut verdichteter Sandboden von einer solchen Kornzusammensetzung zu verlegen, die Frosthebungen ausschließt. Nach den Technischen Vorschriften für die Ausführung von Erdarbeiten im Straßenbau — TVE — Ziffer 11 ist die Schüttung in höchstens 25 cm dicken Lagen bei Verdichtung mittels Stampfgeräts von 500 kg Gewicht einzubringen.

Die gewählte Bauart der Übergänge am festen und beweglichen Brückenende wird wie folgt begründet. Gerade bei vielen kleineren und mittleren Straßenbrücken wird man einen starken Stoß oder sogar plötzlichen Sprung des Fahrzeugs empfinden, wenn es auf den Überbau auffährt oder ihn verläßt. Die Ursache liegt entweder in den unsachgemäß arbeitenden Fahrbahnübergängen des Überbaus oder in einem unplanmäßigen Absacken oder Aufquellen — z. B. infolge Frosthebung — der Widerlagerhinterfüllung und des Anschlußpflasters oder schließlich in der Schlaglochbildung infolge der Wucht der aufspringenden Fahrzeuge. Natürlich kommen auch sämtliche Teilwirkungen als Ursache in Betracht. Die Straßenmeister helfen sich oft in der Weise, daß diese Stufen und Unebenheiten mit einem Asphalt- oder Teerbelag ausgeglichen werden. Diesen pflegt man meistens über die Ausdehnungsvorrichtungen einfach hinwegzuziehen, auch ohne Rücksicht darauf, ob sie festgeklemmt

---

in einer oberen Schicht verarbeitet, so ist diese mindestens 7 cm dick mit gleichem Zement- und ähnlichem Wassergehalt wie der übrige Beton frisch auf frisch einzubringen. Die Betondeckung der oberen Bewehrung soll mindestens 3 cm, das Quergefälle der Fahrbahn mindestens 1,5 % und die Längsentwässerung besonders günstig sein.

In der Oberfläche ist für erhöhte Rissesicherheit zu sorgen, indem oben durchweg mindestens eine kreuzweise Bewehrung bei Betonstahl I von 10 ⌀ 8, bei Betonstahl II von 10 ⌀ 7 und bei Betonstahl III und IV von 10 ⌀ 6 je Meter eingelegt wird. Darüber hinaus sind die oberen Bewehrungen für negative Momente der Platten bis 25 cm Dicke nur bis 1000 kg/cm² und für negative Momente dickerer Platten oder Plattenbalken nur bis 1200 kg/cm² zu beanspruchen.

Bei Plattenbalken ist im Bereich der negativen Momente diejenige Bewehrung, die nicht zur Schubsicherung nach unten abgebogen wird, auf die Plattenbreite zu verteilen, die als statisch mitwirkend in Rechnung gestellt wurde, und sorgfältig verteilt zu verankern. Ist nicht die ganze Plattenbreite als statisch mitwirkend in Rechnung gestellt, so ist im übrigen Teil der Platte die gleiche Bewehrung anzuordnen. Besonders wichtig ist diese Bewehrung auch an höher liegenden Gehbahnen.

Die in Absatz 2 geforderte Mattenbewehrung darf auf die Bewehrung für negative Momente angerechnet werden.

An Arbeitsfugen ist besonders sorgfältig für einen dichten Anschluß des Betons zu sorgen (vgl. auch DIN 1045 § 9 Ziffer 4). Dabei ist 6.2 zu beachten. Die Arbeitsfugen sind nicht an Stellen zu legen, die an der Oberfläche der Fahrbahnplatte Zugspannungen erhalten. An den Enden der Platten und an den Bewegungsfugen sind kräftige und gut im Beton verankerte stählerne Kantenschutzwinkel anzuordnen.

I. Abmessungen und Bezeichnungen.

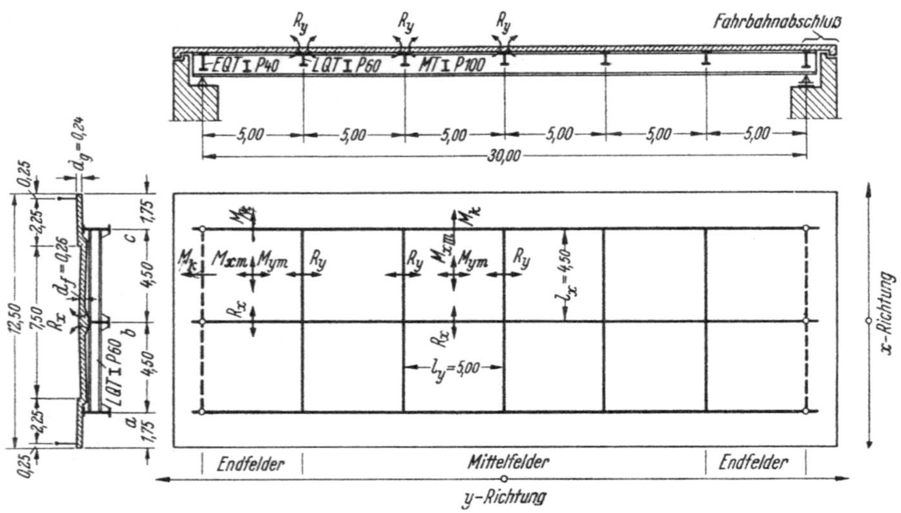

II. Statisches System.

Durchlaufende Platte: In der x-Richtung über 2 Felder, $l_x = 4{,}50$ m $\quad l_y : l_x = 1{,}11$

In der y-Richtung über 6 Felder, $l_y = 5{,}00$ m $\quad \approx 1{,}1$

Starre Stützung: Gegenseitige Einsenkungsunterschiede der Kreuzwerkträger ≈ 0.

Durchlaufwirkung: Berücksichtigung durch Annahme elastischer Einspannung der Ränder des betrachteten Plattenfeldes, der Hauptplatte H, in den anschließenden Plattenfeldern, den Anschlußplatten A.

Auflösung des Gesamtsystems in folgende einzeln zu berechnende Hilfssysteme:

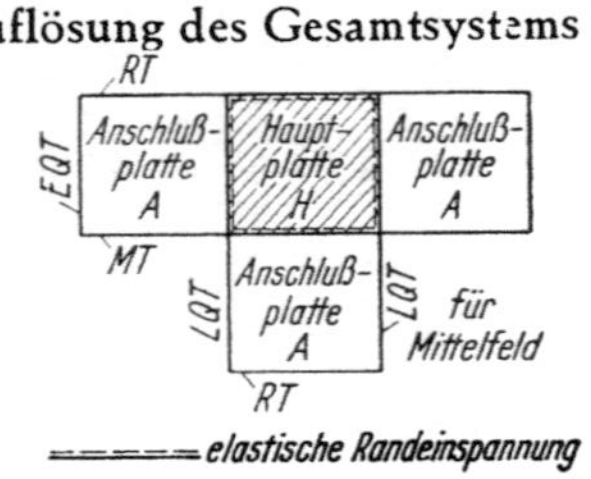

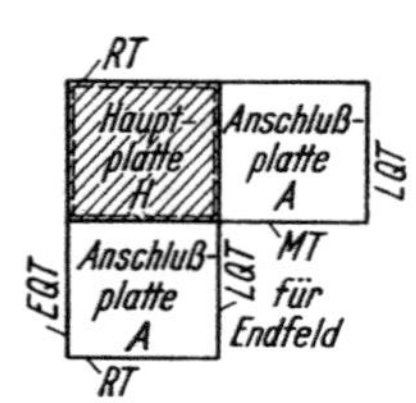

Momente der Hauptplatte:

Feldmomente: $M_x = \mathfrak{M}_x + \varDelta M_x$ $\quad \mathfrak{M}$ Moment an der allseitig frei drehbar gelagerten Hauptplatte

$M_y = \mathfrak{M}_y + \varDelta M_y$ $\quad \varDelta M$ Abminderung infolge der elastischen Randeinspannung

Stützenmomente: R_x und R_y

Ermittlung der Momente nach den Lösungsansätzen und mit den Einflußwerten von Bittner, Momententafeln und Einflußflächen für kreuzweise bewehrte Eisenbetonplatten, Springer-Verlag Wien 1939.

III. Belastungsannahmen.

a) Ständige Last $\qquad \gamma = 2{,}4$ t/m³

Plattendicke der Fahrbahn $d_f = 0{,}26$ m einschl. 0,02 m statisch nicht nutzbarer Verschleißschicht $\qquad g_f = 0{,}26 \cdot 2{,}4 = 0{,}624$ t/m²

Dicke der Gehbahnauskragung $d_g = 0{,}24$ m $\qquad g_k = 0{,}24 \cdot 2{,}4 = 0{,}576$ t/m²

b) Verkehrslast

α) Regellasten der Brückenklasse I nach DIN 1072

Schwingbeiwert (Stoßzahl) φ wegen unmittelbarer Einwirkung der Fahrzeuglasten auf die Platte ohne Zwischenschaltung einer Straßendecke in Anlehnung an DIN 1075 § 7 Tafel 1 für Brücken unter Industriegleisen ohne Schotterbett und ohne Holzschwellen $\varphi = 1{,}65$

Menschengedränge $p = 0{,}500$ t/m²
Menschengedränge als Ersatz für Fahrzeuglasten
$\varphi\, p = 1{,}65 \cdot 0{,}500 = 0{,}825$ t/m²

Dampfwalze 24 t

Dampfwalze D24
Vorderrad $\varphi\, D_V = 1{,}65 \cdot 10\,\text{t} = 16{,}50$ t
Hinterrad $\varphi\, D_H = 1{,}65 \cdot 7\,\text{t} = 11{,}55$ t

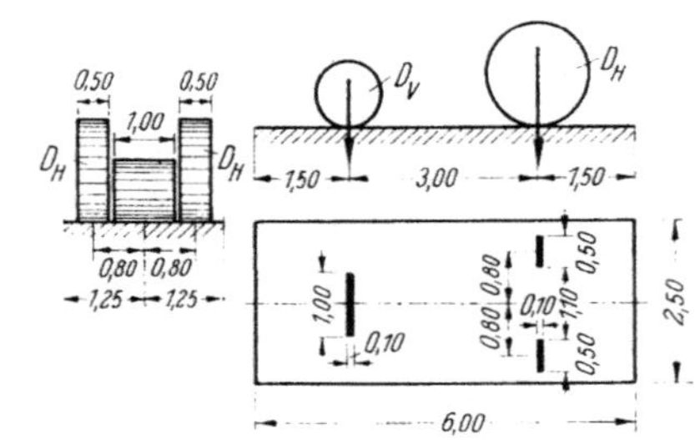

Verteilungsbreiten der Aufstandsflächen für Versteinungshöhe $s = 0$

LKW L12
Hinterrad $\varphi\, L_H = 1{,}65 \cdot 4\,\text{t} = 6{,}6$ t

β) 40-t-Raupenfahrzeug nach Sondervorschrift

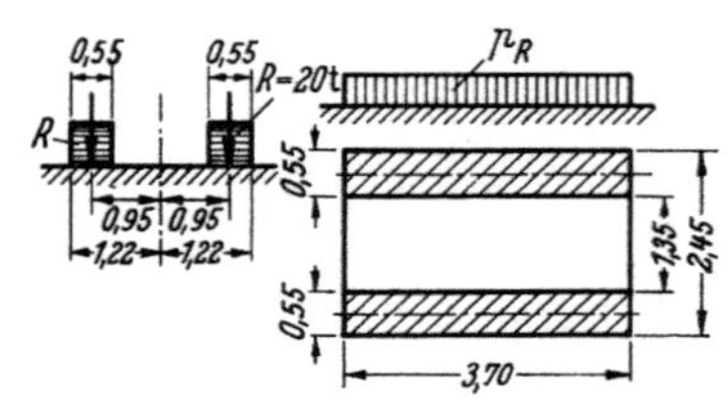

Stoßzahl $\varphi = 1{,}25$
Belastung je Raupe
$\varphi\, R = 1{,}25 \cdot 20{,}0 = 25{,}0$ t
Linienlast:
$p_R = 25{,}0 : 3{,}70 = 6{,}83$ t/m
Flächenlast:
$$p_R = \frac{25{,}0}{3{,}70 \cdot 0{,}55} = 12{,}20 \text{ t/m}^2$$

Neben dem Fahrzeug sind keine weiteren Lasten zu berücksichtigen.

Abb. 30. Berechnung der Fahrbahnplatte für eine Typenbrücke S3. Berechnungsannahmen.

I. Abmessungen und Bezeichnungen.

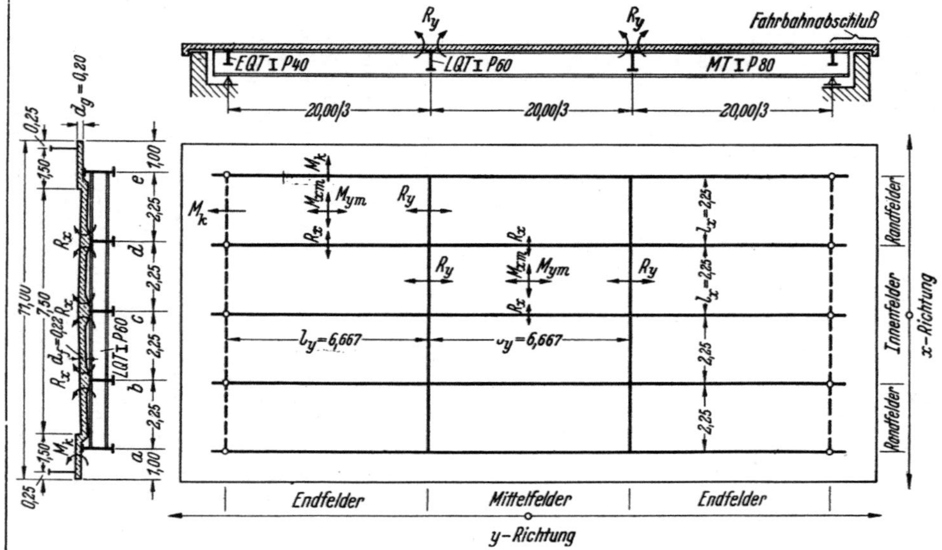

II. Statisches System.

Durchlaufende Platte: In der x-Richtung über 4 Felder, $l_x = 2{,}25$ m
In der y-Richtung über 3 Felder, $l_y = 6{,}667$ m $\quad l_y : l_x > 1{,}5$ gewählt ∞

Starre Stützung: Gegenseitige Einsenkungsunterschiede der Kreuzwerkträger ≈ 0.

Durchlaufwirkung: Berücksichtigung durch Annahme elastischer Einspannung der Ränder des betrachteten Plattenfeldes, der Hauptplatte H, in den anschließenden Plattenfeldern, den Anschlußplatten A.

Auflösung des Gesamtsystems in folgende einzeln zu berechnende Hilfssysteme:

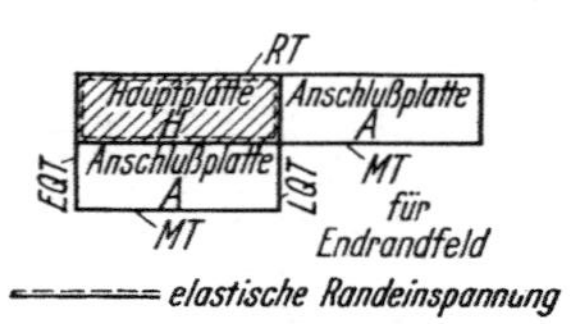

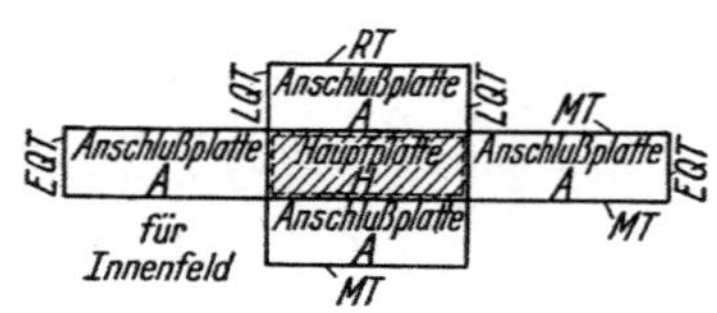

Momente an der Hauptplatte:

Feldmomente: $M_x = \mathfrak{M}_x + \Delta M_x$

$M_y = \mathfrak{M}_y + \Delta M_y$

$\mathfrak{M}$ Moment an der allseitig frei drehbar gelagerten Hauptplatte

ΔM Abminderung infolge der elastischen Randeinspannung

Stützmonte: R_x und R_x

Ermittlung der Momente nach den Lösungsansätzen und mit den Einflußwerten von Bittner, Momententafeln und Einflußflächen für kreuzweise bewehrte Eisenbetonplatten, Springer-Verlag Wien 1939.

III. Belastungsannahmen.

a) Ständige Last $\qquad \gamma = 2{,}4$ t/m³

Plattendicke der Fahrbahn $d_f = 0{,}22$ m einschließl. 0,02 m statisch nicht nutzbarer Verschleißschicht $\qquad g_f = 0{,}22 \cdot 2{,}4 = 0{,}528$ t/m²

Dicke der Gehbahnauskragung $d_g = 0{,}20$ m $\qquad g_k = 0{,}20 \cdot 2{,}4 = 0{,}480$ t/m²

b) Verkehrslast

α) Regellasten der Brückenklasse I nach DIN 1072

Schwingbeiwert (Stoßzahl) φ wegen unmittelbarer Einwirkung der Fahrzeuglasten auf die Platte ohne Zwischenschaltung einer Straßendecke in Anlehnung an DIN 1075 § 7 Tafel 1 für Brücken unter Industriegleisen ohne Schotterbett und ohne Holzschwellen $\varphi = 1{,}65$

Menschengedränge $p = 0{,}500$ t/m²
Menschengedränge als Ersatz für Fahrzeuglasten
$\varphi \cdot p = 1{,}65 \cdot 0{,}500 = 0{,}825$ t/m²

Dampfwalze 24 t

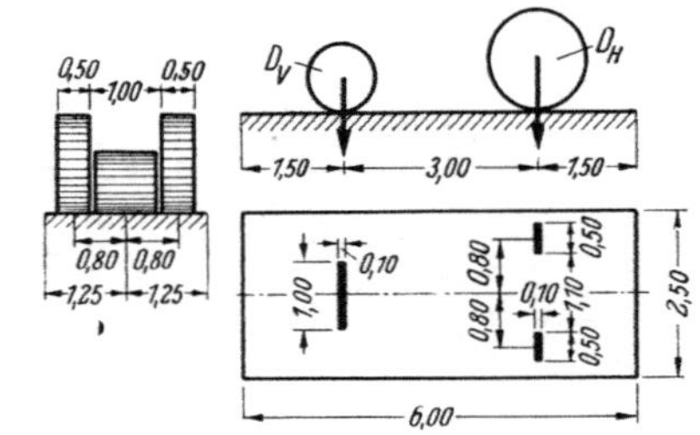

Verteilungsbreiten der Aufstandsflächen für Versteinungshöhe $s = 0$

Dampfwalze D 24
Vorderrad $\varphi D_V = 1{,}65 \cdot 10$ t $= 16{,}50$ t
Hinterrad $\varphi D_H = 1{,}65 \cdot 7$ t $= 11{,}55$ t

Der Lastkraftwagen L 12 ist bei den vorliegenden Plattenabmessungen nicht maßgebend.

β) 40 t Raupenfahrzeug nach Sondervorschrift

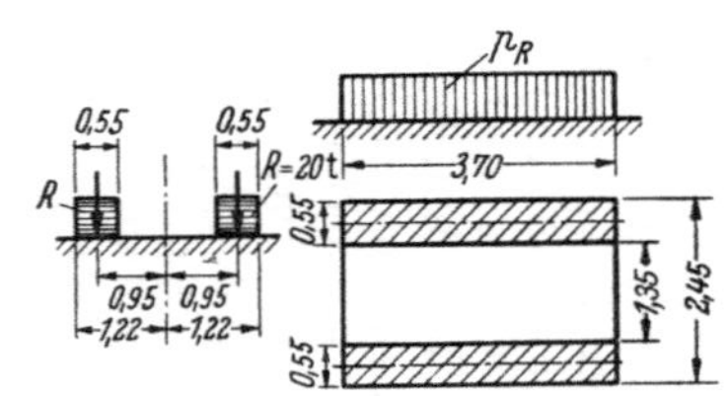

Stoßzahl $\varphi = 1{,}25$
Belastung je Raupe
$\varphi R = 1{,}25 \cdot 20{,}0 = 25{,}0$ t

Linienlast:
$p_R = 25{,}0 \cdot 3{,}70 = 6{,}83$ t/m

Flächenlast:
$p_R = \dfrac{25{,}0}{3{,}70 \cdot 0{,}55} = 12{,}20$ t/m²

Neben dem Fahrzeug sind keine weiteren Lasten zu berücksichtigen.

Abb. 31. Berechnung der Fahrbahnplatte für eine Typenbrücke $S\,5$. Berechnungsannahmen.

oder eingerostet sind. Was hier als Improvisation betrieblich zu begrüßen, brückentechnisch nicht immer gutzuheißen ist, läßt sich als planmäßige Konstruktion eines Brückenabschlusses gerade bei kurzen Plattenkreuzwerken in einfacher und dauerhafter Weise ausführen. Abb. 32 zeigt die grundsätzliche Anordnung eines solchen Fahrbahnüberganges, der sich im allgemeinen für Ausdehnungslängen bis etwa 30 m dort eignet, wo am beweglichen Ende eines Überbaues mit Stahlbetondecke unter ± 25° C Temperaturänderung — vgl. DIN 1072 — mit den geringen Längenänderungen von etwa ± 8 mm höchstens zu rechnen ist. Es ist nun möglich, ohne besondere Dilatationen diese Verschiebungsgrößen durch die in der Mittellage bei 10° C rund 25 bis 30 mm breite Querfuge der Betondecke im Anschluß an den Überbau zu bewältigen. Stufen in der Decke werden außerdem an diesen Stellen vermieden, wenn die Deckenplatten auf dem Tragwerk und auf der Hinterfüllung miteinander gemäß ABB und DIN 1075 verdübelt werden (Dübel von 50 mm Durchmesser). Im Bereich der Hinterfüllung ist die Betonplatte ebenfalls zu bewehren und, wenn ausnahmsweise mit bindigem Boden hinterfüllt werden muß, auf einen Frostschutzkeil aus frostsicherem Boden zu verlegen. Seine Tiefe beträgt an der Kammermauer des Widerlagers rund 0,80 bis 1,00 m. Er ist mit etwa 1 : 15 geneigt und läuft in etwa 12 m Entfernung beiderseits vom Bauwerk aus. Selbst wenn mit der Zeit erhebliche waagrechte Pressungen in den Querfugen der Decke auftreten sollten, so ist dies bei der vorliegenden Bauart für die Stahlbetondecke und den Überbau ohne Belang. Denn die entstehenden Kräfte gleichen sich hauptsächlich in der Decke aus, empfindliche, leicht zermürbende Schichten sind dort nicht vorhanden und das unterstützende Kreuzwerk selbst wird in diese Verspannung nicht nennenswert einbezogen. Sollte aber dieser Fall doch eintreten, so ist der Übergang der Kräfte in den Unterbau durch die starken Schweißnähte, Backen und Dollen des festen Brückenlagers sichergestellt.

3.24 Abmessungen und Bewehrung der Fahrbahnplatte.

Die Fahrbahnplatte ist für alle Regelformen nach der strengen Plattentheorie berechnet und kreuzweise oben und unten bewehrt entworfen worden. In allen Fällen wird die Bewehrung für die DIN-Klasse I (Cl 40) und diejenige für die DIN-Klasse I A (Cl 70) unterschieden.

Den Platten der Typenreihe S 3 liegen Randverhältnisse der Plattenfelder von $l_x/l_y = 0{,}9$ bis 1,1 zugrunde. Sie sind daher als längs- und querdurchlaufende, vierseitig gelagerte Platten berechnet worden. Ihre Bewehrung ist deshalb auch abhängig von dem Abstand der Querträger. Es werden zwei verschiedene Bewehrungen für die Querträgerabstände $\lambda = 4{,}0$ bzw. 5,0 m angegeben. Zwischenwerte können eingeschaltet werden. Die Zahl der Querträger ist mit Rücksicht auf diese Plattengrößen gewählt worden. Das statische Gesamtsystem der Brückenplatte, seine Auflösung in die einzeln berechneten Hilfssysteme, die in diesen ermittelten Feld- und Randmomente sowie die Belastungsannahmen sind aus Abb. 30 zu ersehen.

Alle anderen Regelformen haben Platten mit den Seitenverhältnissen $l_y/l_x > 1{,}5$. Sie wurden als quer durchlaufende, unendlich lange Voll- bzw. Halbstreifen berechnet. Die erforderlichen Bewehrungsquerschnitte sind daher unabhängig von der Länge der Plattenfelder. Rand- und Mittelstreifen erhalten die gleiche Bewehrung. Die maßgebenden statischen Verhältnisse und Belastungen sind hierfür aus Abb. 31 zu entnehmen.

Die für die einzelnen Typenreihen erforderlichen Plattendicken, die Größtmomente und Rundstahlquerschnitte sind in den Bemessungstabellen 16 angegeben.

Tabelle 16. 1. **Bemessungs-Tabelle 16. 1**

Bewehrung der Fahrbahn- und Gehbahnplatte.

Typenbereiche: S und SuS.
Brückenklasse I (*Cl* 40).

Größtmomente aus $g + \varphi \cdot p$ der kreuzweise bewehrten Stahlbetonplatte in tm/m.

Bedingung: $_{zul}\sigma_{bz} = W_{28}/10$.

Typenreihe	d [m]	λ [m]	a [m]	Haupt-bewehrung $\max m$ [tm/m] Feld	Stütze	Längs-bewehrung $\max m$ [tm/m] Feld	Stütze
S 7, SuS 8	0,18	beliebig	1,50	2,00	−2,20	1,80	−1,60
SuS 7	0,20		1,75	2,25	−2,50	2,00	−1,95
S 6	0,20		1,80	2,30	−2,55	2,10	−2,05
SuS 6	0,20		2,10	2,60	−3,00	2,30	−2,40
S 5	0,20		2,25	2,70	−3,25	2,35	−2,55
SuS 5	0,22		2,625	3,10	−3,85	2,50	−2,90
S 4	0,22		3,00	3,45	−4,50	2,70	−3,30
SuS 4	0,24		3,50	4,00	−5,50	2,80	−3,70
S 3 MF EF	0,24	4,0	4,50	2,20	−6,10	3,50	−4,60
S 3 MF EF	0,26	5,0	4,50	2,80 3,20	−7,20	3,90 4,00	−5,80

Erforderlicher Rundstahlquerschnitt f_e in cm² je lfdm Plattenbreite.

Typenreihe	d [m]	λ [m]	a [m]	Haupt-bewehrung f_e [cm²/m] Feld	Stütze	Längs-bewehrung f_e [cm²/m] Feld	Stütze
S 7, S 8	0,18	beliebig	1,50	11,2	12,2	10,9	9,7
SuS 7	0,20		1,75	10,9	12,0	10,5	10,1
S 6	0,20		1,80	10,9	12,3	10,8	10,4
SuS 6	0,20		2,10	12,3	14,6	11,8	12,5
S 5	0,20		2,25	13,1	15,7	12,2	13,2
SuS 5	0,22		2,625	13,3	17,1	12,0	13,8
S 4	0,22		3,0	14,9	20,2	12,7	15,4
SuS 4	0,24		3,50	17,8	25,2	13,6	17,9
S 3 MF EF	0,24	4,0	4,50	8,6 *	28,0	14,5 *	19,9
S 3 MF EF	0,26	5,0	4,50	9,8 11,3	26,7	14,7 15,5	22,7

Obere Feldbewehrung: In beiden Richtungen je 1/2 der gleichlaufenden unteren Bewehrung; bei Typenreihe 3 Baustahlgewebe Nr. 7.

d Statisch nutzbare Plattendicke
λ Abstand der Querträger
a Abstand der Hauptträger

Zulässige Spannungen: Betonstahl I $\sigma_e = 1400$ kg/cm²
Beton B 400 $\sigma_b = 90$ kg/cm²

Betonüberdeckung der Einlagen 2,5 cm
MF Mittelfeld EF Endfeld

Die Berechnung der fehlenden Werte ist leider unterblieben.

Die bei beliebigen Plattenstützweiten $l_x \leqq 3{,}5$ m und bei Randverhältnissen $\lambda_y : \lambda_x \geqq 1{,}5$ auftretenden Größtmomente sind aus Abb. 33 und 34 zu entnehmen.

Bei den berechneten Platten liegt die Hauptbewehrung immer gleichlaufend zu den Querträgern, die Längsbewehrung parallel zur Brückenachse. Die Hauptbewehrung ist außenliegend anzuordnen, da für sie die größere Nutzhöhe *h* des Stahlbetonquerschnitts bei 25 mm Betonüberdeckung der Einlagen angesetzt wurde. Bei Brücken über Eisenbahnen ist die Betonüberdeckung auf 4 cm zu vergrößern. Da die Biegemomente sich im Bereich des Plattenfeldes nur wenig ändern, sind die Bewehrungen über die ganze Breite und Länge der Plattenfelder in voller Größe anzuordnen. Als Sicherung gegen Schwindrisse ist auch in den Feldern eine obere Bewehrung vorgesehen. Im übrigen müssen die Bestimmungen der DIN

1075 (1951) Ziffer 4.13 über unmittelbar befahrene Stahlbeton-Fahrbahnplatten sinngemäß beachtet werden.

Die über die Kammermauern der Widerlager gezogenen Fahrbahnabschlüsse mit Abschlußbalken zeigen bei allen Regelformen die gleiche Ausbildung. Form und Anordnung der Einlagen findet man im Musterentwurf S 5 b. Nur für die Typenreihe S 3 ist abweichend die Bewehrung in ⌀ 14 mm an Stelle von ⌀ 12 mm vorgesehen. Die Bewehrung der Brückentafel ist ebenfalls im Musterentwurf S 5 b dargestellt.

Tabelle 16. 2.
Bewehrung der Fahrbahnplatte

Bemessungs-
Tabelle 16. 2

Typenbereiche: S, SuS und A.
Brückenklasse I A (Cl 70).

Größtmomente aus $g+\varphi\cdot p$ der kreuzweise bewehrten Stahlbetonplatte in tm/m.

Bedingung: ${}_{\text{zul}}\sigma_{bz} = W_{28}/10$.

Typenreihe	d [m]	λ [m]	a [m]	Haupt-bewehrung max m [tm/m] Feld	Stütze	Längs-bewehrung max m [tm/m] Feld	Stütze
S7, SuS 8, A 8	0,18	beliebig	1,50	2,90	−2,20	1,80	−3,00
SuS 7, A 7	0,20		1,75	3,40	−3,20	2,00	−3,50
S 6	0,20		1,80	3,50	−3,40	2,10	−3,60
SuS 6, A 6	0,22		2,10	4,10	−4,20	2,25	−4,00
S 5	0,22		2,25	4,40	−4,60	2,35	−4,20
SuS 5, A 5	0,24		2,625	5,10	−5,40	2,50	−4,45
S 4	0,26		3,00	5,85	−6,20	2,70	−4,70
SuS 4, A 4	0,26		3,50	6,80	−7,20	2,80	−4,90

Erforderlicher Rundstahlquerschnitt f_e in cm² je lfdm Plattenbreite.

Typenreihe	d [m]	λ [m]	a [m]	Haupt-bewehrung f_e [cm²/m] Feld	Stütze	Längs-bewehrung f_e [cm²/m] Feld	Stütze
S7, SuS 8, A 8	0,18	beliebig	1,50	16,2	12,4	11,2	19,4
SuS 7, A 7	0,20		1,75	16,8	16,0	10,6	19,2
S 6	0,20		1,80	17,2	16,4	10,9	19,9
SuS 6, A 6	0,22		2,10	18,1	18,7	10,6	19,6
S 5	0,22		2,25	19,6	20,6	11,1	20,4
SuS 5, A 5	0,24		2,625	20,5	22,1	10,6	19,3
S 4	0,26		3,00	21,5	22,9	10,1	18,0
SuS 4, A 4	0,26		3,50	25,3	26,8	10,7	19,1

Obere Feldbewehrung: In beiden Richtungen je 1/2 der gleichlaufenden unteren Bewehrung; bei Typenreihe 3 Baustahlgewebe Nr. 7.
d Statisch nutzbare Plattendicke
λ Abstand der Querträger
a Abstand der Hauptträger
Zulässige Spannungen: Betonstahl I $\sigma_e = 1400$ kg/cm²
Beton B 400 $\sigma_b = 90$ kg/cm²
Betonüberdeckung der Einlagen 2.5 cm
MF Mittelfeld EF Endfeld

Tabelle 16.3.
Bewehrung der Gehbahnplatte

Bemessungs-
Tabelle 16. 3

Plattendicke d_g [m]	Gehbahnbreite b_g [m]	Haupt-bewehrung f_e [cm²/m]	Längs-bewehrung
0,18	1,0 ; 1,50	9,0	Am Plattenrand
	2,25	11,1	
0,20	1,0 ; 1,50	7,9	unten: mind. 4 ⌀ 12 auf 0,50 m Streifenbreite
	2,25	10,1	
≧0,22	1,0 ; 1,50	7,0	oben: wie vor, jedoch auf 0,30 m
	2,25	9,0	

Die Hauptbewehrung ist für den Katastrophenfall einer Radlast von 4 t am Geländer mit σ_e = 1800 kg/cm² für Betonstahl I ermittelt worden. Im übrigen gelten auch hier die Fußbemerkungen der Tabellen 16.1 und 16.2.

3.25 Abmessungen und Bewehrung der Gehbahnplatte.

Die Bewehrung der Gehbahn ist für den Fall ermittelt worden, daß ein LKW.-Hinterrad von 4 t ohne Stoßzahl in der Nähe des Plattenrandes angreift. Für diesen Ausnahmefall, der für beide Lastklassen gilt, wurde für Betonstahl I ${}_{\text{zul}}\sigma_e = 1800$ kg/cm² angesetzt. Für die nutzbaren Gehbahnbreiten $b_g = 1.50$ m und $b_g = 2,25$ m können aus der Bemessungstabelle 16.3 die erforderlichen Stahlquerschnitte entnommen werden, und zwar für Plattendicken d_g = 0,18, 0,20 und 0,22 m. Sie gelten für die Typenbereiche S und SuS. Für den Typenbereich A (größte Auskragung 1,0 m) sind die Werte für b_g = 1,50 m zu wählen. Auf die Wichtigkeit der unteren Längsbewehrung für die Verteilung der Momente aus der Einzellast durch die Plattenwirkung wird besonders verwiesen.

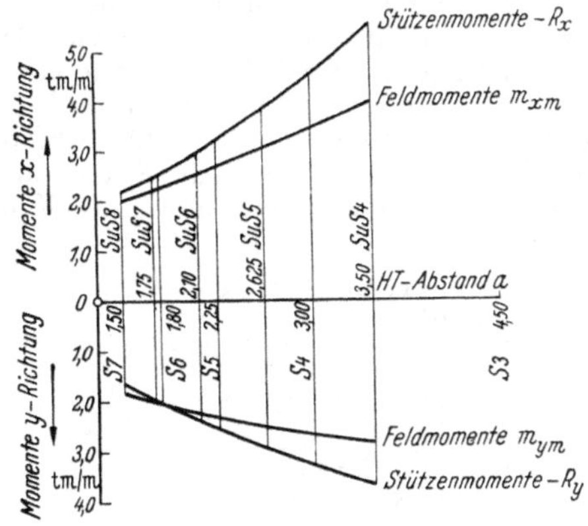

Abb. 33. Größtmomente der Fahrbahnplatte für Brückenklasse I (Cl 40).

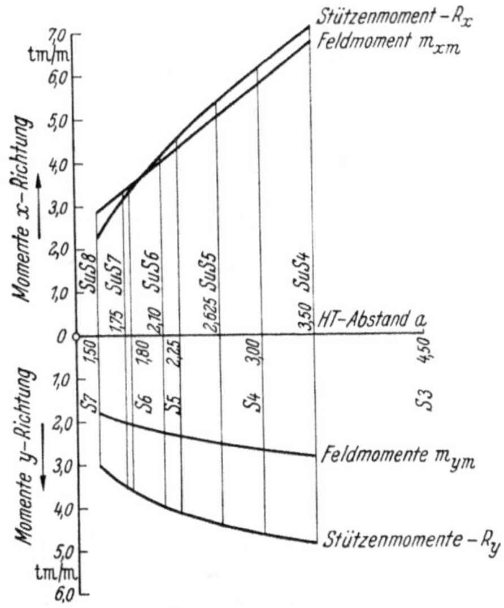

Abb. 34 Größtmomente der Fahrbahnplatte für Brückenklasse IA (Cl 70).

3.26 Schiefe Brückentafel.

Wie bereits angegeben, werden auch hier, und zwar diesmal mit Rücksicht auf die Querträgeranschlüsse, sämtliche Hauptträger auf gleiche Höhe gelegt. Das Quergefälle wird durch Schrägen der Fahrbahnplatte gebildet.

Bei schiefen Brücken der Typenreihen S 3, SuS 4 und A 4 führt die Anordnung von zwei bzw. drei sekundären

Längsträgersträngen die Platte auf kleinere Stützweiten zurück.

Die Hauptbewehrungen können senkrecht zu den Hauptträgern oder gleichlaufend zu den Querträgern angeordnet werden. Die erste Art empfiehlt sich bei sehr schiefen Brücken. Bei wenig schiefen Brücken mit dem Kreuzungswinkel α ist für alle Typenreihen der $1/\sin\alpha$-fache Wert des für die rechtwinklig gespannte Platte gleicher Stützweite angegebenen Stahlquerschnitts f_e in der Hauptrichtung einzulegen. Dies gilt für Fahr- und Gehplatten gleichermaßen — Bemessungstabellen 16.

3.3 *Brückenzubehör.*

3.31 Entwässerung.

Um den Stahlüberbau auch an den Widerlagern einwandfrei unterhalten zu können, ist zwischen den Endquerträgern und den Vorderflächen der Kammermauern reichlicher Zwischenraum angeordnet worden. Dieser wird gleichzeitig zur Unterbringung von Straßeneinläufen benutzt, deren Oberteil in die Fahrbahnplatte eingreift und deren Unterteil an der Stahlkonstruktion befestigt ist. Sämtliche Straßeneinläufe — auch etwaige Abfallrohre im Zuge der Schrammborde — leiten das Wasser an den vier Brückenecken in Röhrensysteme, die im Widerlager ver-

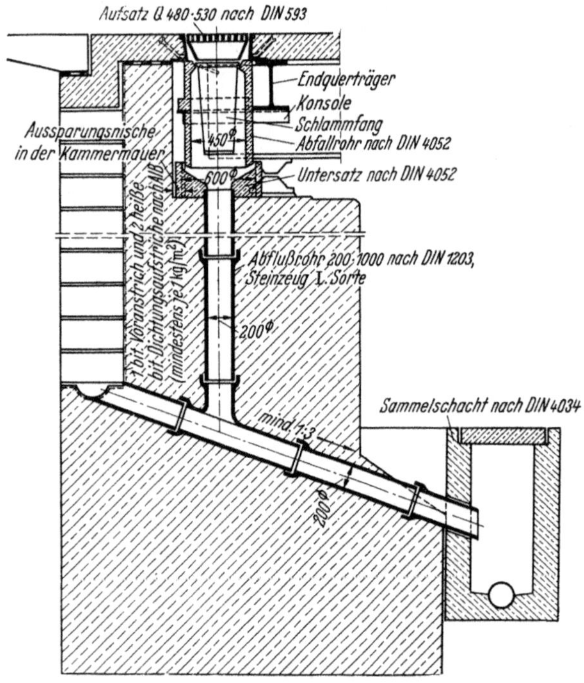

Abb. 35. Ausbildung der Entwässerung.

laufen und auch die Rückseite der Widerlager und Flügel entwässern (Abb. 35). Die Wassermengen werden Sammelschächten zugeführt, die an die Vorflut angeschlossen werden müssen. Durchdringen die Entwässerungsrinnen die Querträger innerhalb der Stege, so sind die restlichen Stegflächen durch aufgeschweißte Laschen zu verstärken.

3.32 Abdichtung.

Die erdberührten Flächen des Unterbaues werden gegen Feuchtigkeit durch einen bituminösen Voranstrich und zwei bituminöse heiße Deckaufstriche nach der „Anweisung für die Abdichtung von Ingenieurbauwerken der Deutschen Bundesbahn — AIB —" abgedichtet. Alle Kehlen und Kanten sind auszurunden. An den Innenflächen der Widerlager und Flügel ist eine poröse Steinschicht mit Kiesfilter als Schutzschicht und Entwässerung der Abdichtung hochgeführt. Das anfallende Wasser wird durch Rinnen auf den Fundamentsockeln der Entwässerungsanlage zugeführt (Abb. 2).

3.33 Geländer und Leitungen.

Die Gehbahnen finden ihre Begrenzung durch stählerne Geländer (Abb. 36 und 37).

Ihre bei Verkehrsunfällen erprobte auffangende Wirkung beruht in der tiefen, netzartigen Ausbauchung auf einen weiten Bereich ohne Verlust des Zusammenhangs auch in den Anschlüssen, also neben der Kreuzwirkung der ganzen Brüstung vornehmlich in der Seilwirkung des schweren Holmes, ferner in dem weitgehenden plastischen Verformungsvermögen der Stäbe sowie der geschweißten Verbindungen. Dementsprechend sind Baustoff, Schweiß-

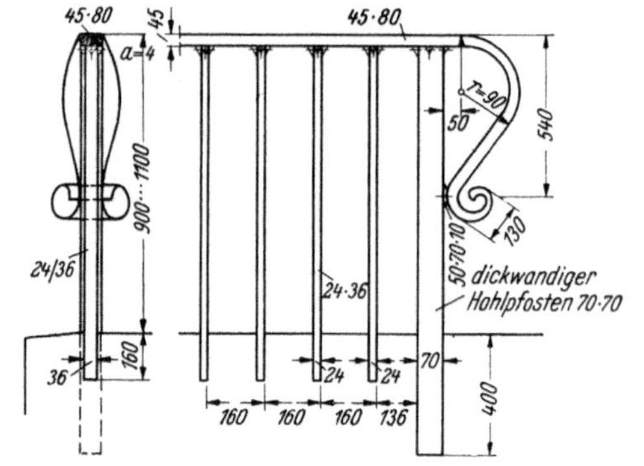

Abb. 36. Brückengeländer.

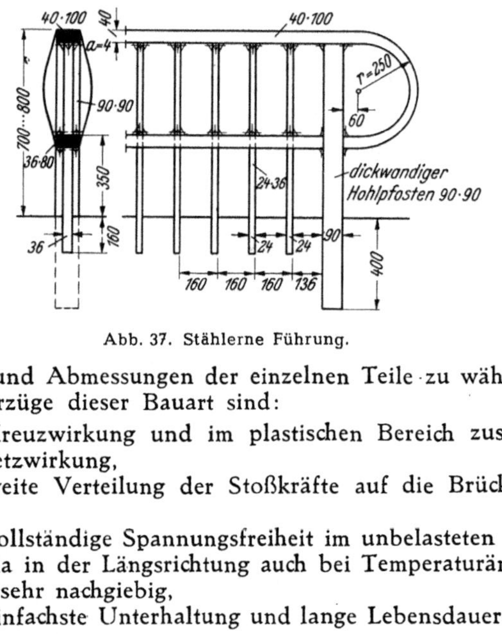

Abb. 37. Stählerne Führung.

drähte und Abmessungen der einzelnen Teile zu wählen. Die Vorzüge dieser Bauart sind:

1. Kreuzwirkung und im plastischen Bereich zusätzliche Netzwirkung,
2. weite Verteilung der Stoßkräfte auf die Brückentafel,
3. vollständige Spannungsfreiheit im unbelasteten Zustand, da in der Längsrichtung auch bei Temperaturänderungen sehr nachgiebig,
4. einfachste Unterhaltung und lange Lebensdauer, da ohne Fugen,
5. unbehinderte Durchsicht durch das Geländer, besonders während der Fahrt, weil dann die einzelnen senkrechten Stäbe nicht mehr wahrnehmbar sind,
6. hoher schönheitlicher Wert infolge der Klarheit und Einfachheit der Gestaltung, steigerungsfähig durch die Anwendung einer gediegenen Schmiedearbeit, z. B. an den Endabschlüssen (Schleifen, Voluten) und an den Endpfosten (z. B. profiliert); s. F. Tamms, Brückengeländer, Die Straße 4.1 (1937) S. 71 ff.

Da die bisher ausgeführten stählernen Pfostengeländer erfahrungsgemäß bisher nirgends einem konzentrierten Anprall standhielten, wäre zu erwägen, das dargestellte Kreuzwerkgeländer allgemein an die Stelle der Pfostengeländer zu setzen. Die Höhe solcher Kreuzwerkgeländer sowie die Holmsteifigkeit lassen sich beliebig bemessen, so daß in dieser Bauart z. B. auch nur 80 cm hohe Führungen, wie auf den Kunstbauten der Reichsautobahnen üblich, gegebenenfalls auch mit zwei Holmen ausgeführt werden können, und zwar ohne schönheitliche Mängel, wenn die Profildicken zueinander in das richtige Verhältnis gesetzt werden. Grundsätzlich sei jedoch bemerkt, daß in allen Fällen nur volle stählerne Stäbe für Holme und Zwischenstäbe in Betracht kommen, daß also Hohlprofile oder offene Profile wegen zu geringer Steifigkeit und Festigkeit, bezogen auf den Ernstfall, nicht geeignet sind.

Bei dem in Abb. 36 dargestellten Brückengeländer besteht der Holm aus einem vollen Stahlquerschnitt 40·80 mm, besser 48·80 mm, mit gerundeten Kanten. Die Füllstäbe 24·36 mm sind mit ihrer schmalen Seite in die Längsachse der Brücke gestellt. Sie binden sämtlich tief in den Beton der Konsole ein und dürfen keinen größeren Abstand als 140 bis 160 mm von Mitte zu Mitte besitzen. Der Holm ist über volle Endpfosten von Holmquerschnitt 48·80 oder über dickwandige Endpfosten vom Querschnitt 70·70 mm hinweggeführt und zu einer Endschleife ausgeschmiedet. Sämtliche Verbindungen sind spaltlos geschweißt.

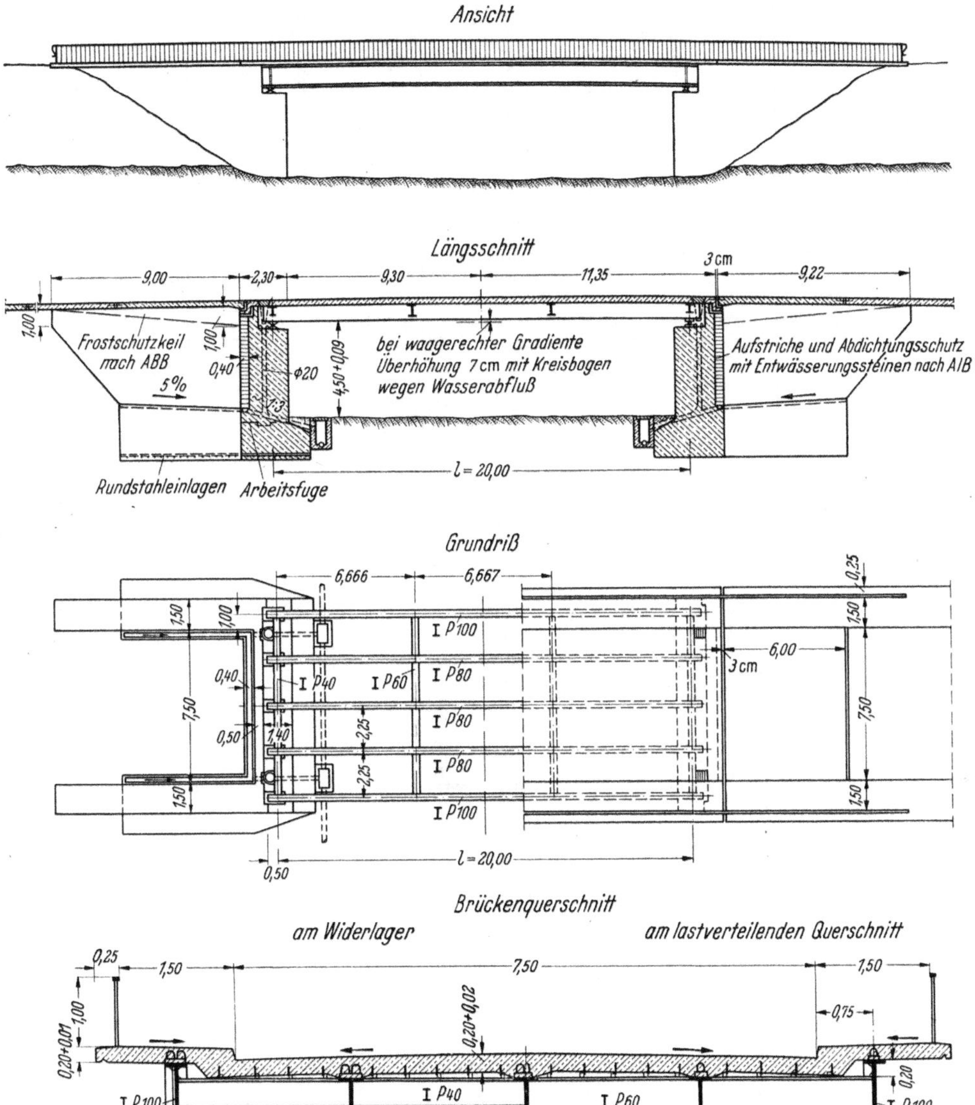

Abb. 38. Musterentwurf S 5 b. Übersicht.

Stählerne Führungen wären zweckmäßig nach den gleichen konstruktiven Gesichtspunkten in der Form der Abb. 37 auszubilden.

3.34 Straßenbahngleise.

Eine zweckmäßige Anordnung von Straßenbahngleisen auf Brückentafeln aus Stahlbeton zeigt Abb. 12.

Die dargestellte, aus zwei Stabstählen und einem Breitflachstahl zusammengeschweißte, 58 mm hohe Brückenschiene entspricht dem Kopf der schwersten, 180 mm hohen Regelform 4 a für Rillenschienen. Sie ruht auf einem 20 mm dicken, Unebenheiten ausgleichenden und Stöße dämpfenden Hartmastixbett.

Seiten- und Längskräfte aus der Schiene werden durch Klemmplatten und Anker abgefangen, die in dem Stahlbeton der Brückentafel festgelegt sind. Sämtliche Schienenstöße auf dem Überbau sind zu schweißen. Die Schienenentwässerung geschieht mittels Abfallrohren. Diese werden an das Rinnensystem unterhalb der Brückentafel angeschlossen.

Ein solcher Gleisbau dürfte selbst den schwersten, in absehbarer Zeit zu erwartenden Achsdrücken (rund 12 bis 16 t) von Straßenbahnen gewachsen sein und eine einwandfreie Lage der Schienen und der Straßendecke auch auf die Dauer gewährleisten.

Wo Straßenbahngleise auf den Überbauten der in dieser Schrift behandelten Regelformen verlegt werden müssen, ist über der Stahlbetonplatte einschließlich ihrer Betonverschleißschicht von 2 cm eine Fahrbahndecke aus zwei Lagen Hartgußasphalt von je 30 mm Dicke anzuordnen. Ihre Oberfläche liegt 2 mm höher als der Schienenkopf; diejenige der unteren Lage verläuft etwa bündig mit der Oberkante der Klemm- und Ankerschrauben. Die Hartgußasphaltdecke wird zur Vermeidung von Rissen zweckmäßig in Felder von etwa 20 m² aufgeteilt. Die entstehenden Fugen dieser Abschnitte sind mit Fugenvergußmasse gemäß DIN 1996 und den Hinweisen in Abschnitt 3.23 — auch an den Schienen — zu vergießen.

3.4 Beispiel für die Verwendung der Bemessungstafeln.

Gegeben: l = 20 00 m, b_f = 7,50 m, b_g = 1,5 m.

Gerade Brücke. Bauhöhe 1,15 m. Die Fahrbahntafel soll unmittelbar befahren werden. Brückenklasse I nach DIN 1072 (Cl 40). Stahlkonstruktion in St 37. Quergefälle 2 %.

Die Bemessungstabellen 7, 8, 9 und 10 leiten zur Typenform S 5 b. Ihre Bauhöhe h_b beträgt

$$h_b = h_T + d_s + d + d_v = 80 + 10 + 20 + 2 = 112 \text{ cm}.$$

d_s = Dicke der Schräge;
d = statische Plattendicke;
d_v = Belagdicke.

Der Bemessungstabelle 10.1 werden die Abmessungen des stählernen Kreuzwerks und der Stahlbetontafel entnommen. Das Tragwerk — Regelform S 5 b, Abb. 18 — erhält 2 Randhauptträger RT der Form IP 100, 3 Mittelhauptträger MT der Form IP 80, 2 lastverteilende Querträger LQT, der Form IP 60 und 2 Endquerträger EQT der Form IP 40. Die statische Dicke der Stahlbetontafel findet man zu d = 20 cm.

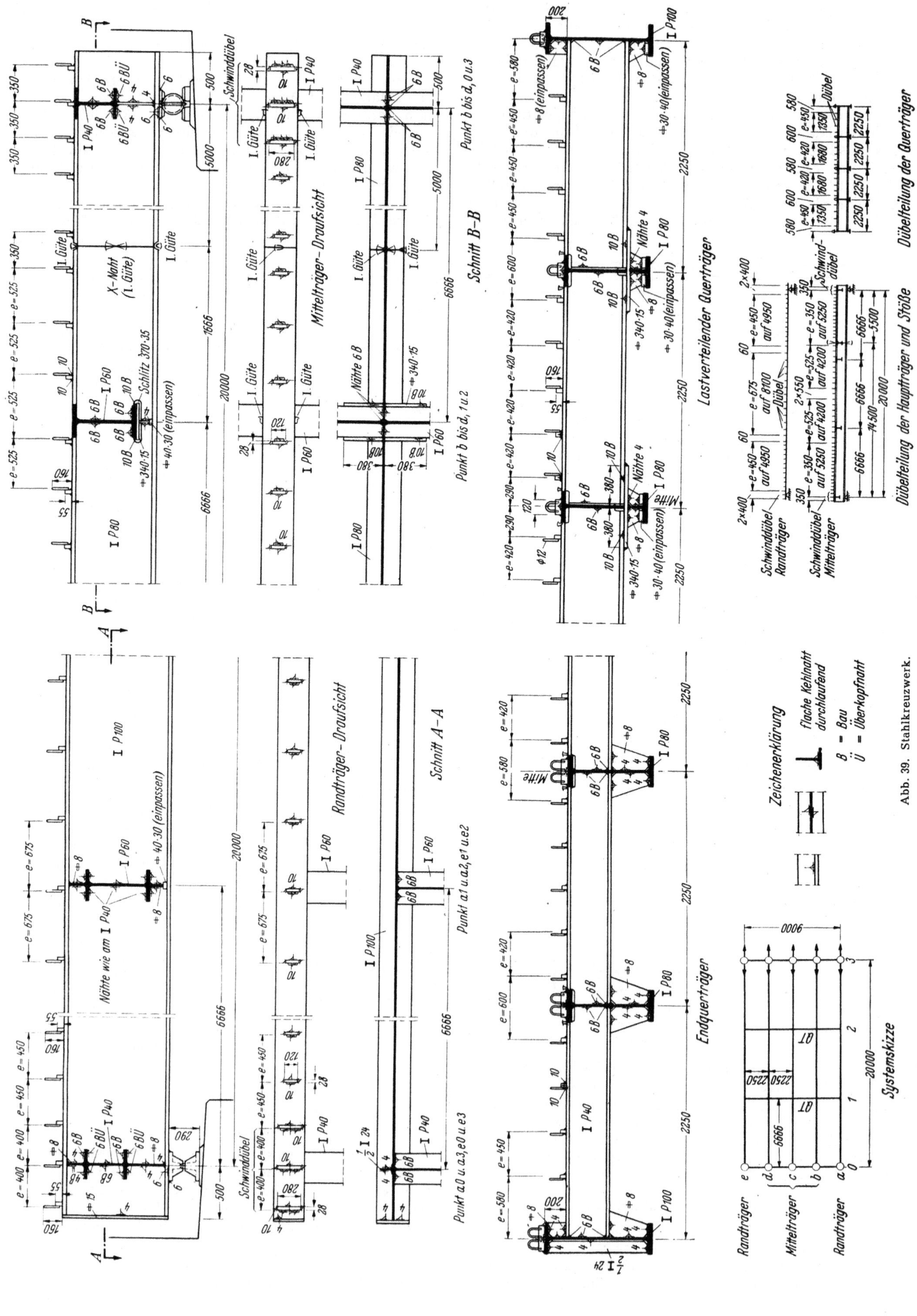

Abb. 39. Stahlkreuzwerk.

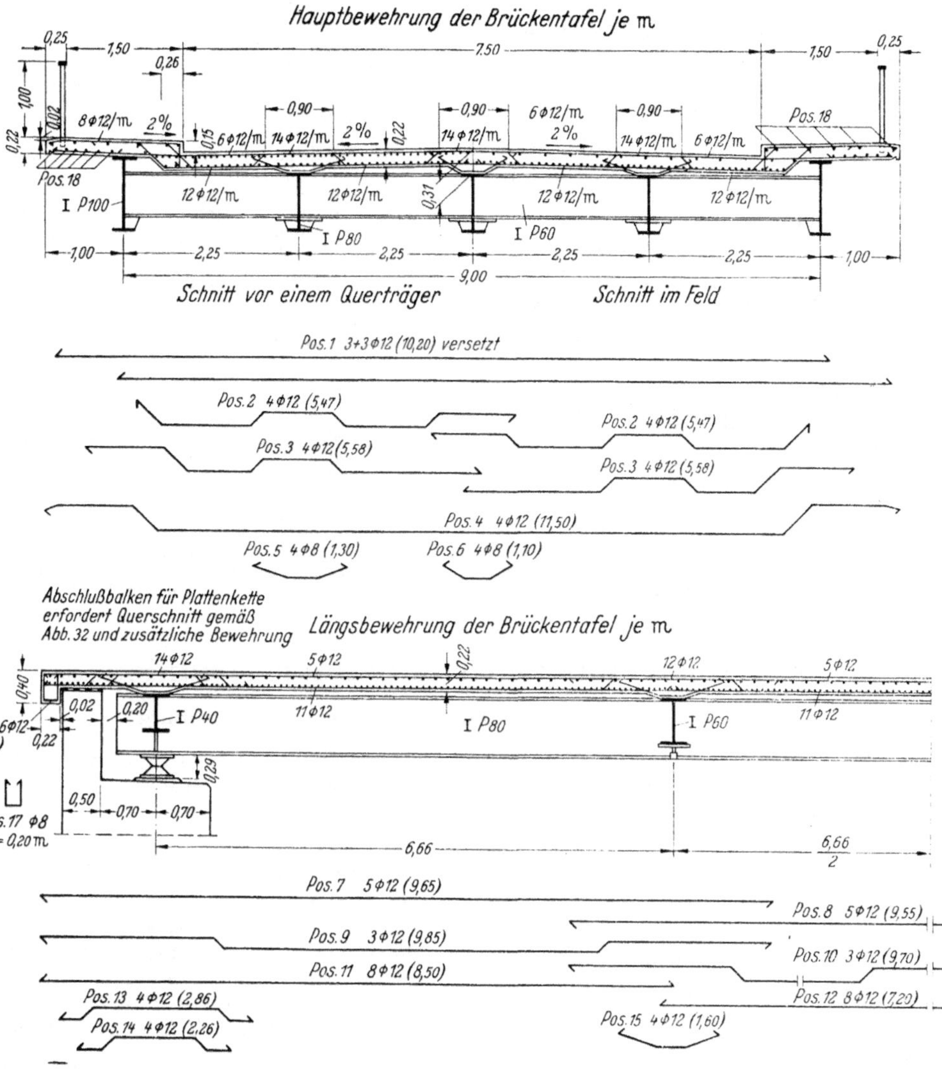

Abb. 40. Bewehrung der Stahlbetontafel. Längsbewehrung der Gehbahn insgesamt 5 Ø 12 oben, 6 Ø 12 unten, mit 2,5 cm Überdeckung-Pos. 18. Brückentafel: Betonüberdeckung oben 4,5 cm einschl. 2 cm Verschleißschicht, unten 2 cm. Beton B 400/45, Betonstahl I.

Bewehrungsliste.

Position	Einzeln Stück	Länge m	Gesamt Stück	Länge m	Gewicht kg	Position	Einzeln Stück	Länge m	Gesamt Stück	Länge m	Gewicht kg
1	6 Ø 12	10,20	138	1407,60	3994,9	11	8 Ø 12	8,50	128	1088,00	1839,8
2	4 Ø 12	5,47	184	1006,48		12	8 Ø 12	7,20	64	460,80	
3	4 Ø 12	5,58	184	1026,72		13	4 Ø 12	2,86	64	183,04	
4	4 Ø 12	11,50	92	1058,00		14	4 Ø 12	2,26	64	144,64	
5	4 Ø 8	1,30	184	239,20	134,5	15	4 Ø 12	1,60	64	102,40	
6	4 Ø 8	1,10	92	101,20		16	6 Ø 12	7,75	12	93,00	
7	5 Ø 12	9,65	80		1859,6	17	5 Ø 8	1,15	76	87,40	34,5
8	5 Ø 12	9,55	40			18	11 Ø 12	24,20	22	532,40	472,8
9	3 Ø 12	9,85	48	472,80			8336,1 : (22,9 · 10,5) = 35 kg/m²				+ 8336,1
10	3 Ø 12	9,70	24	232,80							

Der Bemessungstabelle 12 entnimmt man die Querträgeranschlußkräfte

$$_{max}M_Q = 50 \text{ tm}, \qquad _{max}Q_Q = 24 \text{ t}$$

Die Bemessungstabellen 13.1 und 13.3 geben die Verteilung der Dübel, siehe auch Abb. 23 und 24.

	Äußere Hauptträgerabschnitte von je 1/4 Trägerlänge	Mittlerer Hauptträgerabschnitt von 1/2 Trägerlänge
RT	e = 45 cm	e = 67,5 cm
MT	e = 35 cm	e = 52,5 cm
	Über die ganze Länge gleichbleibend	
LQT	e = 45 cm	
EQT	e = 45 cm	

Der Bemessungstabelle 7.1 entnimmt man die Lagergröße von 50 t.

Die Bemessungstabelle 14 gibt die Abmessungen dieser Lager an, siehe hierzu Abb. 25 und 26.

Die Bemessungstabelle 15.1 dient der Festlegung der werkstattmäßigen Überhöhung.

Der Bemessungstabelle 16.1 entnimmt man die Größtmomente, die Dicke und Bewehrung der Fahrbahnplatte, siehe auch Abb. 29 und 31. Hauptbewehrung der Platte (gleichlaufend zu den Querträgern) für Feldmoment $_{max}m_x = 2{,}70$ tm, Randmoment $_{max}R_x = 3{,}25$ tm. Längsbewehrung der Platte (parallel zu den Hauptträgern) für Feldmoment $_{max}m_y = 2{,}35$ tm, Stützmoment $_{max}R_y = -2{,}55$ tm. Bewehrung entsprechend.

Der Bemessungstabelle 16.3 entnimmt man die erforderlichen Bewehrungen für die Gehbahnplatte.

Hauptbewehrung $f_e = 7{,}9\ \text{cm}^2/\text{m}$, Längsbewehrung am freien Plattenrand unten $f_e = 4\ \phi\ 12$.

4 Musterentwurf.

Regelform S 5 b. Übersicht (Abb. 38), Stahlkreuzwerk (Abb. 39), Bewehrung der Stahlbetontafel (Abb. 40).

Literatur.

1. H. Homberg: Kreuzwerke. Statik der Trägerroste und Platten, (Forschungshefte aus dem Gebiete des Stahlbaues, Heft 8.) Springer-Verlag, Berlin 1951. — Ders. Über die Lastverteilung durch Schubkräfte, Theorie des Plattenkreuzwerks, Der Stahlbau 21 (1952), S. 42 ff.
2. B. Enyedi: Trägerrost und Platte, Beton u. Eisen 34 (1935), S. 42 ff.
3. K. Klöppel u. E. Noske, Messungen an einer Straßenbrücke in Verbundbauweise in Siegen, Der Stahlbau 21 (1952) S. 38 ff. — H. Ebner, Dehnungs- und Schwingungsmessungen an Brücken, Abhandlungen aus dem Stahlbau, Heft 10, S. 104 ff., Walter Dorn-Verlag, Bremen-Horn 1951.
4. E. Chwalla: Die Formeln zur Berechnung der voll mittragenden Breite dünner Gurt- und Rippenplatten, Der Stahlbau (1936), S. 73 ff., oder K. Girkmann: Flächentragwerke S. 112 ff., Springer-Verlag, Wien 1946. — 2. Aufl. 1948.
5. F. Dischinger: Die strenge Lösung des Plattenbalkenproblems, in Schleicher, Taschenbuch für Bauingenieure, S. 1441 ff., Springer-Verlag, Neudruck 1949 (berichtigt).
6. M. T. Huber: Die Theorie der kreuzweise bewehrten Eisenbetonplatten, Bauingenieur 4 (1923) S. 354 und 392, Bauingenieur 6 (1924), S. 259 und 354, Bauingenieur 7 (1925), S. 7, 46 und 878, Bauingenieur 8 (1926), S. 121, 152 und 170.
7. W. Cornelius: Die Berechnung der ebenen Flächentragwerke mit Hilfe der Theorie der orthogonal-anisotropen Platte, Der Stahlbau 21 (1952), S. 21 ff. — ders. Über den Einfluß der Torsionssteifigkeit auf die Verdrehung von Tragwerken, MAN-Forschungsheft 1951, S. 39 ff.
8. B. Enyedi: Trägerrost und Platte, Beton u. Eisen 34 (1935) S. 42 ff., Die Formel der Plattendrillsteifigkeit in A. Föppl: Vorlesungen, 4. Aufl., Band V, S. 148, oder in A. u. L. Föppl: Drang und Zwang, II. Band, S. 94.
9. A. Pucher: Die Momenteneinflußfelder rechteckiger Platten, S. 39, Berlin 1938, Ernst & Sohn. — Einflußfelder elastischer Platten, Wien 1951, Springer-Verlag.
10. H. Olsen und F. Reinitzhuber: Die zweiseitig gelagerte Platte, 1. Band, 2. Auflage, Berlin 1950, Ernst & Sohn.
11. H. Vogt: Beitrag zur Berechnung schiefwinkliger Platten, Lübeck 1939, Druck von Ch. Coleman.
12. N. J. Nielsen: Skaevvinklede plader, G. E. C. Gad, Kopenhagen 1944.
13. F. Leonhardt und M. Schneider: Die Autobahnbrücke über den Rhein bei Köln—Rodenkirchen, Berlin 1952, Ernst & Sohn; s. auch Bautechnik 28 (1951) S. 169 ff.
14. Bautechnik 16 (1938) S. 308.
15. K. Schaechterle: Der Brückenbau der Reichsautobahnen, Berlin 1942, S. 60 ff.
16. R. Barbré: Neubau der Luitpold-Hängebrücke über die Donau in Passau, Der Stahlbau 21 (1952), S. 25 ff.
17. s. Hütte, Bd. III, 26. Auflage, S. 1117, Abb. 9a.

Korrosion einbetonierter Stahlkonstruktionen.

Von Dipl.-Ing. **G. Mandel**, Oberingenieur, Hamburg.

Als in den Jahren 1906—12 die U-Bahn in Hamburg gebaut wurde, lag besonderer Anlaß für eine außergewöhnliche Ausführung der Fundamente des stählernen Viaduktes zwischen den Haltestellen Baumwall und Landungsbrücken am Hamburger Hafen vor. Ein großes Stammsiel mit einer l. W. von 4,30 m und einer l. H. von 3,70 m, wie es aus Abb. 1 zu ersehen ist, lag in der Trasse der U-Bahn. Da dieses große Stammsiel durch die Fundamente des U-Bahn-Viaduktes in keiner Weise belastet werden durfte, mußte eine außergewöhnliche Konstruktion

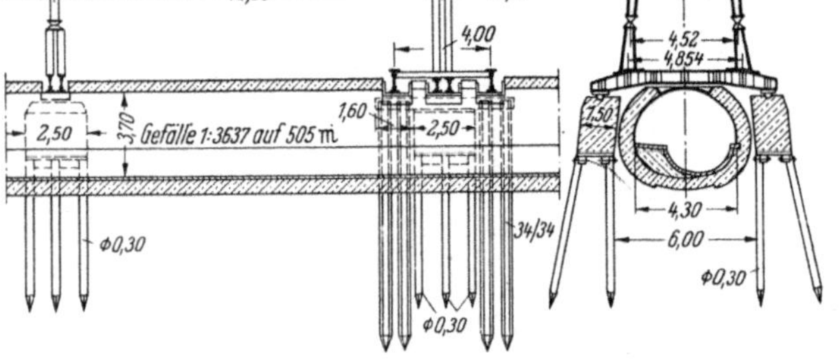

Abb. 1. Überbrückung eines Stammsiels.

gewählt werden; d. h. die tragenden Fundamente des Viaduktes mußten einen Hohlraum von 6,0 m freihalten, während die Achsen der Stützen des Viaduktes einen Abstand von nur 4,85 m aufwiesen. Die Überbrückung wurde durch eine Stahlkonstruktion vorgenommen, die sich mit Stahlgußlagern auf die Betonfundamente und Auflager setzt. Diese Fundamente stehen auf einem hölzernen Pfahlrost; nur bei den Bremspfeilern wurden Stahlbetonpfähle verwendet. Die Stahlkonstruktion der Überbrückungsrahmen im Boden wurde zum Schutz gegen Rostbildung mit Beton ummantelt.

Bekanntlich ist bei mit Gleichstrom betriebenen Bahnen mit vagabundierenden (abirrenden) Strömen zu rechnen, die die Verbindung zwischen Schiene und Wasser-Erde herzustellen versuchen. Die vagabundierenden Ströme nehmen wie bei der Elektrolyse an ihren Austrittsstellen im feuchten Boden in die Wasser-Erde kleinste Eisenteilchen mit und zerfressen somit im Laufe der Jahre einbetonierte Stahlkonstruktionen, wenn diese nicht genügend isoliert sind.

Mit Rücksicht auf die Sicherheit des Betriebes der U-Bahn wurden bereits im Jahre 1928 Untersuchungen an einbetonierten Stahlkonstruktionen einer Stütze der benannten Viaduktstrecke durchgeführt und Messungen über die Größe der abirrenden Ströme vorgenommen. Es stellte sich damals, etwa 16 Jahre nach Inbetriebnahme der U-Bahn heraus, daß eine beträchtliche Korrosion an der einbetonierten Stahlkonstruktion stattgefunden hatte.

Im Laufe dieses Jahres wurden erneut Untersuchungen angestellt und die einbetonierte Stahlkonstruktion freigelegt. Es zeigten sich bei dieser Gelegenheit teilweise ganz erhebliche Korrosionsschäden. Abb. 2 zeigt einen

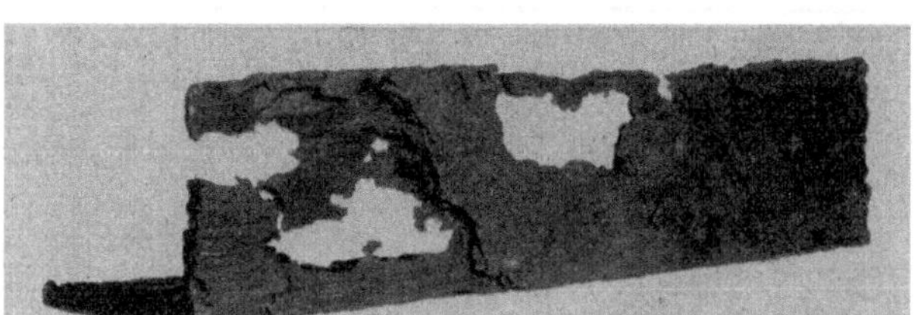

Abb. 2. Stark korrodierter Winkelstahl.

Winkelstahl, der stark zerfressen ist und gegen einen neuen ausgewechselt werden mußte. Es wurde ein Gewichtsverlust bei dem Winkelstahl von 31 % festgestellt. Abb. 3 zeigt einen Teil der Stahlkonstruktion, an dem ebenfalls Korrosionserscheinungen zu erkennen sind. Nietköpfe waren an vielen Stellen so abgefressen, daß man sie nur noch ahnen konnte. Eine stärkere Korrosion an den der Elbe zugewandten Teilen — der Viadukt verläuft parallel zur Elbe — konnte nicht festgestellt werden. Erhebliche Teile der Stahlkonstruktion mußten erneuert werden, das Einziehen neuer Nieten und das Aufschweißen verschiedener Konstruktionsteile waren erforderlich. Auffällig war, und das ist aus Abb. 4 zu ersehen, daß an den Stellen der Stahlkonstruktion, die beim Bau gut mit Zementmilch eingestrichen waren und einen dichten Beton aufwiesen, geringere Korrosionen auftraten. Dieses ist damit zu erklären, daß der poröse Beton nicht wasserabweisend ist, sondern das Wasser wie ein Schwamm aufsaugt und durch seinen Wassergehalt die Korrosion fördert.

Außer an den einbetonierten Stahlkonstruktionen wurden auch an den Bremspfeilern die Stahlbetonpfähle

Abb. 3. Korrosionserscheinungen an der einbetonierten Stahlkonstruktion.

— soweit es möglich war — untersucht, wovon einige bis zum Wasserspiegel freigelegt wurden. Irgendwelche Korrosionserscheinungen, Abblätterungen des Betons über den Eckeisen in den Pfählen und sonstige Schäden konnten nicht festgestellt werden. Wahrscheinlich hat die Stahlbetonplatte, die sozusagen als Rost über den Pfahlköpfen liegt und einen sehr dichten, guten Beton zeigt, einen guten Isolator gebildet. Diese Feststellungen waren sehr beruhigend.

Die Betonummantelung der Stahlkonstruktion, die entfernt wurde und, wie erwähnt, aus minderwertigem, wasseraufsaugendem Magerbeton bestand, wurde durch verdichteten Beton mit 300 kg Zementzusatz auf 1 m^3 mit einer Mindeststärke von 8 cm über der Stahlkonstruktion ersetzt. Außerdem erhielt der Beton einen zweimaligen Anstrich mit Inertol. Hierdurch glauben wir die Wasseraufnahmefähigkeit des Betons wesentlich ermäßigt und somit die einbetonierten Stahlteile für längere Zeit vor Korrosionsschäden geschützt zu haben. Die Isolation des Oberbaues gegen Wasser-Erde wurde schon vor Jahren dadurch verbessert, daß der ursprüngliche wasserhaltende Bettungskies durch sauberen Basaltschotter ersetzt wurde.

An einer anderen Stelle haben wir bei der Wiederherstellung eines gerissenen Widerlagerkörpers einer

Abb. 4. Unterschiedliche Korrosionserscheinungen.

stählernen Brücke die Isolation in der Weise gelöst, daß wir elektrisch isolierte Brückenlager eingebaut haben. Das Lager besteht aus zwei Stahlgußkörpern, die durch zylindrische Steatitkörper gegeneinander abgestützt und isoliert werden, und zwar sowohl vertikal als auch horizontal. [Vgl. H. Maul, „Der Bauingenieur" 26, 1951, Heft 5, S. 151: Elektrisch isolierte Brückenlager.]

Über die Spannungsermittlung in Stahlbetongewölben.

Von Dr.-Ing. **Günther Brandes,** Belgrad.

Die inneren Kräfte in Brückengewölben ergeben sich aus folgenden Belastungsfällen:

1. ständiger Last,
2. der elastischen Bogenverkürzung infolge 1,
3. der Bogenverkürzung infolge Schwindens,
4. der plastischen Formänderung infolge der Spannungen aus 1 bis 3 (Kriechen),
5. den Bogenverlängerungen und -verkürzungen infolge Temperaturschwankungen,
6. Verkehrslast.

Für Dreigelenkbögen sind die Spannungen aus 2 bis 5 klein. Bei allen Gewölben können die inneren Kräfte aus 1 bis 5 nach Ermittlung der Auflagerreaktionen für jeden Querschnitt unmittelbar angeschrieben werden, während diejenigen aus Lastfall 6 mit Einflußlinien ermittelt werden müssen.

Man hat das bekannte Bild eines exzentrisch gedrückten Querschnittes, der mit einer Querkraft belastet ist (Abb. 1).

Für Bogenquerschnitte, in denen nach Stadium I (homogener Querschnitt) bemessen werden kann, werden zweckmäßig die Kernpunktsmomente bestimmt. Dies bietet den Vorteil, daß durch ein Kernpunktsmoment allein die Spannungen am gegenüberliegenden Quer-

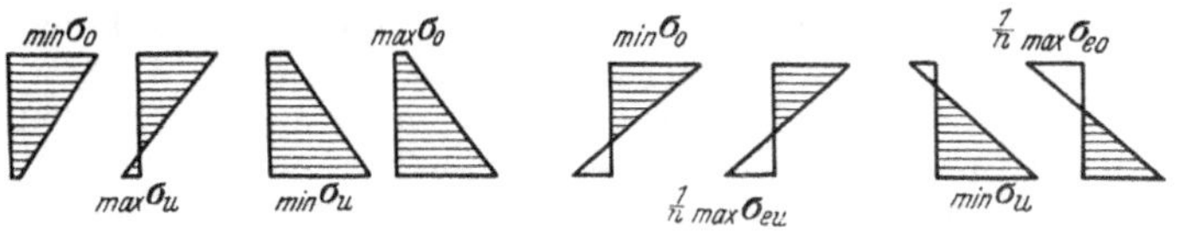

Abb. 1.

schnittsrande bestimmt sind. Im Lastfall 6 braucht daher nur eine Einflußlinie gezeichnet und ausgewertet zu werden, um eine Randspannung zu erhalten. Diese Einflußlinie ergibt auch genau die Lastscheide für diese Randspannungen. Bei den rechteckigen Gewölbequerschnitten aus Stein oder Beton liegen die Kernpunkte in den Drittelpunkten der Querschnittshöhe. Bei den beidseitig bewehrten Stahlbetongewölben liegen die Kernpunkte infolge der Bewehrung etwas weiter außen, doch hat diese Verschiebung praktisch keinen Einfluß.

Für Querschnitte in Stahlbetongewölben, die nach Stadium II bemessen werden müssen, sind nicht die Momente maßgebend, die die minimalen und maximalen Randspannungen $({}_{\min}\sigma_o,\ {}_{\max}\sigma_u,\ {}_{\min}\sigma_u,\ {}_{\max}\sigma_o)$ bestimmen, sondern die, die die größten Druckspannungen des Betons $({}_{\min}\sigma_o$ und ${}_{\min}\sigma_u)$ und die größten Zugspannungen der Stahleinlagen $({}_{\max}\sigma_{eo}$ und ${}_{\max}\sigma_{eu})$ ergeben. In Abb. 2 sind die Spannungsbilder für Stadium I

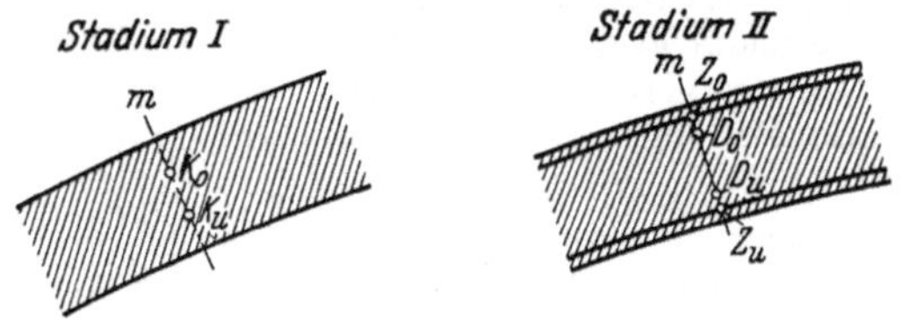

Abb. 2. Gesuchte Spannungen im Schnitt m.

und für Stadium II nebeneinander dargestellt. Die Momente, die die gesuchten Spannungen bestimmen, sind für Stadium I und II in der folgenden Tabelle angegeben.

Spannung	Moment
+ Zug − Druck	+ unten Zug − oben Zug
${}_{\min}\sigma_{o\,\mathrm{I}}$	${}_{\max}M_{K\,u}$ = positives Moment um den unteren Kernpunkt
${}_{\max}\sigma_{u\,\mathrm{I}}$	${}_{\max}M_{K\,o}$ = positives Moment um den oberen Kernpunkt
${}_{\min}\sigma_{u\,\mathrm{I}}$	${}_{\min}M_{K\,o}$ = negatives Moment um den oberen Kernpunkt
${}_{\max}\sigma_{o\,\mathrm{I}}$	${}_{\min}M_{K\,u}$ = negatives Moment um den unteren Kernpunkt
${}_{\min}\sigma_{o\,\mathrm{II}}$	${}_{\max}M_{E\,u}$ = positives Moment um den unteren Eisenschwerpunkt E_u
${}_{\max}\sigma_{eu\,\mathrm{II}}$	${}_{\max}D_{D\,o}$ = positives Moment um den oberen Querschnittspunkt D_o, durch den die resultierende Druckkraft aus Betondruckprisma und Druckeisen hindurchgeht
${}_{\min}\sigma_{u\,\mathrm{II}}$	${}_{\min}M_{E\,o}$ = negatives Moment um den oberen Eisenschwerpunkt E_o
${}_{\max}\sigma_{eo\,\mathrm{II}}$	${}_{\min}M_{D\,u}$ = negatives Moment um den unteren Querschnittspunk D_u, durch den die resultierende Druckkraft aus Betondruckprisma und Druckeisen hindurchgeht

Um die Momente aus Verkehrslast zu ermitteln, die die maßgebenden Spannungen des Stadiums II bestimmen, müssen die Einflußlinien für die Punkte E_o, E_u, D_o und D_u gezeichnet werden. Nur diese Einflußlinien ergeben theoretisch genau die Momente und die Lastscheiden. Sie allein genügen allerdings zur Bestimmung der Spannungen noch nicht, sondern es muß außerdem noch mit der jeweils gleichen Laststellung die Einflußlinie für die Normalkraft im betrachteten Querschnitt $N = H \cdot \cos\varphi + V \cdot \sin\varphi$ ausgewertet werden. Die Lage der Zugkraftschwerpunkte E_o und E_u ist bekannt, aber die Lage der Druckkraft-Schwerpunkte D_o und D_u ist nicht nur von der Verteilung der Bewehrung im Querschnitt, sondern auch von der Belastung abhängig, und zwar vom Verhältnis $\frac{M}{N} = \frac{\text{Moment}}{\text{Normalkraft}}$, d. h. vom Hebelarm der Normalkraft. Die Einflußlinien für die Momente, die die größten Eisenspannungen ergeben, können daher nicht gezeichnet werden, da die Lage der Bezugspunkte im Querschnitt — Punkte D_o und D_u — von den unbekannten inneren Schnittkräften abhängt. Über die Lage dieser Punkte kann man nur aussagen, daß sie in den äußeren Querschnittsdritteln liegen müssen, weil sonst im Querschnitt kein Zug auftritt und damit die Voraussetzung des Stadiums II nicht erfüllt wird.

In der Praxis sind zwei Verfahren üblich, die Momente aus Verkehrslast zu bestimmen. Meistens wird das Gewölbe ebenso berechnet wie ein unbewehrtes Stein- oder Betongewölbe und es werden die Einflußlinien für die Kernpunkte (Drittelpunkte der Querschnitte) bestimmt. Wenn sich beim Spannungsnachweis herausstellt, daß sich so hohe Spannungen ergeben, daß die Bemessung für das Stadium II durchgeführt werden muß, dann werden aus den maximalen Randspannungen ${}_{\min}\sigma_{o\,\mathrm{I}}$ und ${}_{\max}\sigma_{u\,\mathrm{I}}$ (Abb. 3a) bzw. ${}_{\max}\sigma_{o\,\mathrm{I}}$ und ${}_{\min}\sigma_{u\,\mathrm{I}}$ (Abb. 4a) zwei

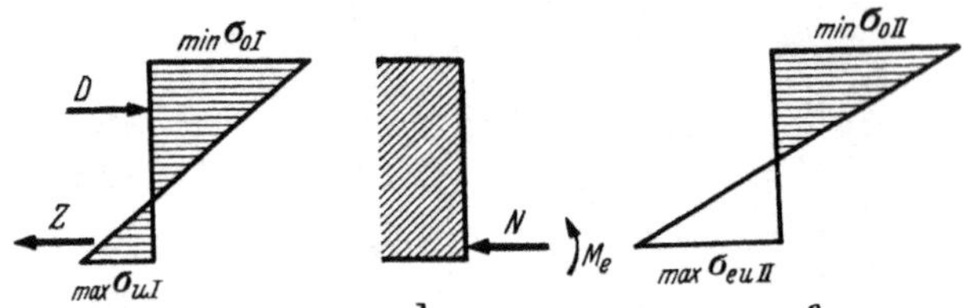

a b c

Abb. 3.

theoretische Spannungsbilder zusammengesetzt, aus diesen die Normalkräfte N und die Momente M_e um die unteren (Abb. 3b) und oberen (Abb. 4b) Eisenlagen ermittelt und hiernach die Spannungen ${}_{\min}\sigma_{o\,\mathrm{II}}$ und ${}_{\max}\sigma_{eu\,\mathrm{II}}$ (Abb. 3c) bezw. ${}_{\max}\sigma_{eu\,\mathrm{II}}$ und ${}_{\min}\sigma_{u\,\mathrm{II}}$ (Abb. 4c) errechnet.

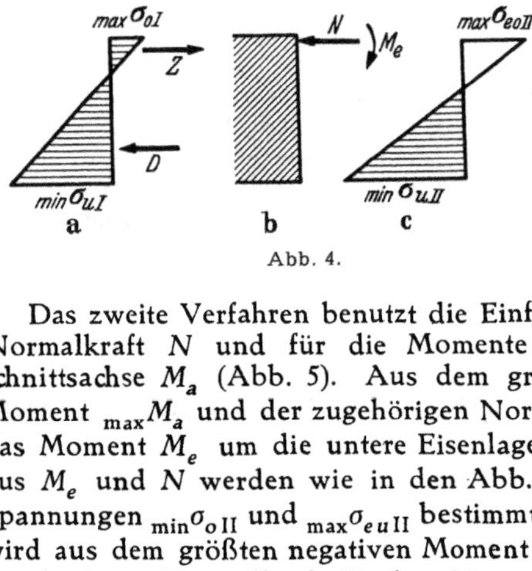

a b c

Abb. 4.

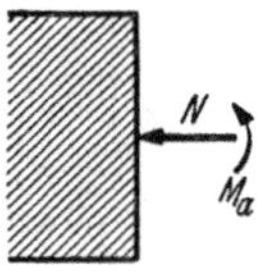

Abb. 5.

Das zweite Verfahren benutzt die Einflußlinien für die Normalkraft N und für die Momente um die Querschnittsachse M_a (Abb. 5). Aus dem größten positiven Moment ${}_{\max}M_a$ und der zugehörigen Normalkraft N wird das Moment M_e um die untere Eisenlage errechnet, und aus M_e und N werden wie in den Abb. 3b und 3c die Spannungen ${}_{\min}\sigma_{o\,\mathrm{II}}$ und ${}_{\max}\sigma_{eu\,\mathrm{II}}$ bestimmt. Entsprechend wird aus dem größten negativen Moment ${}_{\min}M_a$ und der zugehörigen Normalkraft N das Moment M_e um die obere Eisenlage errechnet, und aus M_e und N werden wie in den Abb. 4b und 4c die Spannungen ${}_{\min}\sigma_{u\,\mathrm{II}}$ und ${}_{\max}\sigma_{eo\,\mathrm{II}}$ bestimmt.

In beiden Verfahren sind Fehler enthalten. Im ersten werden nach Abb. 3 zwei Spannungen zu einem Spannungsbild vereinigt $({}_{\min}\sigma_{o\,\mathrm{I}},\ {}_{\max}\sigma_{u\,\mathrm{I}})$, die zwei verschiedenen, wenn auch einander ähnlichen Lastfällen zugehören. Ferner sind die Lastscheiden der hier benutzten Einflußlinien für die Kernpunkte verschieden von den Lastscheiden der maßgebenden Einflußlinien um die Druckkraft- und Zugkraft-Schwerpunkte. Im zweiten Verfahren ist ebenfalls die Lastscheide der hier benutzten Einflußlinie für das Achsenmoment eine andere als die Lastscheiden der maßgebenden Einflußlinien um die Druckkraft- und Zugkraft-Schwerpunkte.

Um die Zusammenhänge klarzustellen, sind in Abb. 6 die Einflußlinien für den 80 cm starken Scheitelquerschnitt eines 11,75 m weit gespannten Kreissegmentgewölbes dargestellt.

Linie 1 ist die Einflußlinie für die Momente um den im äußeren Sechstelpunkt liegend angenommenen Schwerpunkt der oberen Druckkräfte D_o (genaues Verfahren),

Linie 2 ist die Einflußlinie für die Momente um den oberen Kernpunkt K_o (erstes Verfahren),

Linie 3 ist die Einflußlinie für die Momente um die Querschnittsachse A (zweites Verfahren),

Linie 4 ist die Einflußlinie für die Momente um den unteren Kernpunkt K_u (erstes Verfahren),

Linie 5 ist die Einflußlinie für die Momente um den Schwerpunkt der unteren Eisenlage Z_u (genaues Verfahren).

In Abb. 6 oben sind die Belastungsbereiche dargestellt, die den positiven Ästen der Momentenlinien entsprechen,

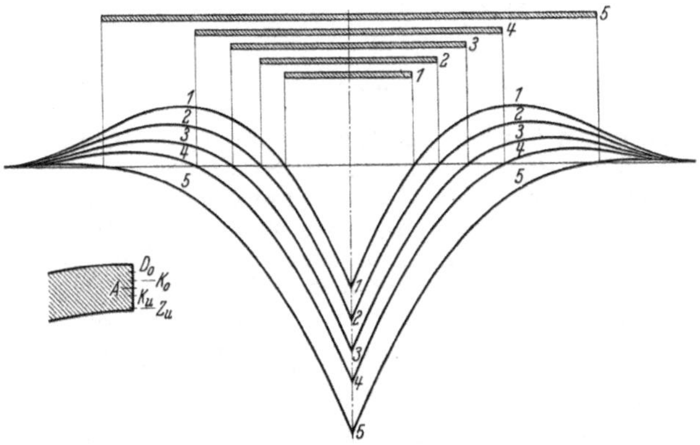

Abb. 6. Momenten-Einflußlinien für den Scheitelquerschnitt eines Kreissegmentgewölbes.

in Abb. 7 sieht man die Einflußlinie für die Normalkraft (= H-Linie, weil Scheitelquerschnitt) und ebenfalls die Belastungsbereiche der Abb. 6. Die Verschiedenheit der Belastungsbereiche gibt ein eindrucksvolles Bild von der Verschiebung der Lastscheiden. Da es sich bei dieser Betrachtung nicht um die absolute Fehlergröße, sondern nur um die Klarlegung der Zusammenhänge handelt, ist absichtlich das extreme Beispiel eines Gewölbes einer

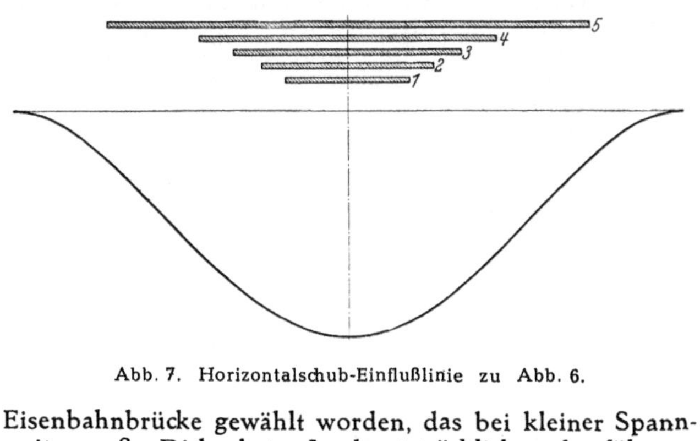

Abb. 7. Horizontalschub-Einflußlinie zu Abb. 6.

Eisenbahnbrücke gewählt worden, das bei kleiner Spannweite große Dicke hat. In der tatsächlichen Ausführung wird dieses Gewölbe nach Stadium I bemessen und nicht bewehrt. Die in dem folgenden Zahlenbeispiel errechneten Fehler der beiden üblichen Berechnungsverfahren gegenüber dem genauen sind daher wesentlich größer als in den praktisch wichtigen Fällen, jedoch wird das Verhältnis der Fehlergrößen, das für die Beurteilung der Verfahren wichtig ist, hiervon nicht berührt.

Zahlenbeispiel.

Querschnittsabmessungen: Höhe 0,80 m, Breite 4,30 m, Fläche $F = 4{,}30 \quad 0{,}80 = 3{,}44\ \text{m}^2$, Widerstandsmoment $W = 0{,}4588\ \text{m}^3$.

Gesucht werden die Normalkräfte und Momente, die die größten Spannungen am oberen Rand und in der unteren Eisenlage des Querschnitts bestimmen.

Die Auswertung der Einflußlinien ergibt:

Linie 1: $M = +\ 8{,}30$ tm, $N = 34{,}85$ t,
Linie 2: $M = +\ 13{,}78$ tm,
Linie 3: $M = +\ 21{,}10$ tm, $N = 60{,}50$ t,
Linie 4: $M = +\ 29{,}92$ tm,
Linie 5: $M = +\ 49{,}46$ tm, $N = 95{,}84$ t,

Verfahren 1:

Aus den Kernpunktmomenten folgen die Randspannungen (Abb. 8) zu

$$\sigma_o = -\frac{29{,}92}{0{,}4588} = -\ 65{,}2\ \text{t/m}^2,$$

$$\sigma_u = +\frac{13{,}78}{0{,}4588} = +\ 30{,}0\ \text{t/m}^2.$$

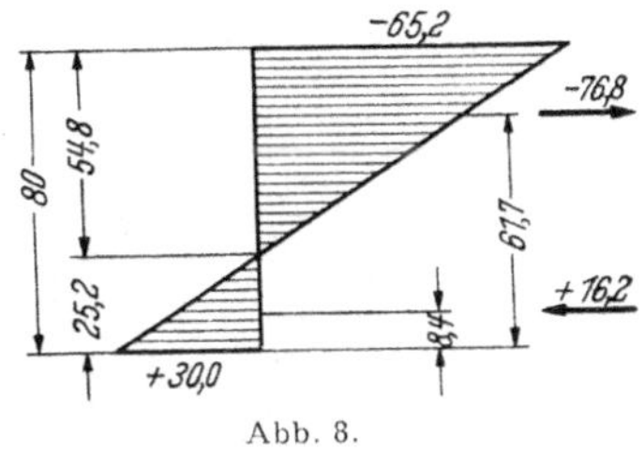

Abb. 8.

Resultierende Druckkraft: $-65{,}2 \cdot 4{,}30 \cdot 0{,}548 \cdot 0{,}5 = -76{,}8$ t,
Resultierende Zugkraft: $+\ 30{,}0 \cdot 4{,}30 \cdot 0{,}252 \cdot 0{,}5 = +\ 16{,}2$ t.

Bezogen auf die untere Eisenlage in 4 cm Abstand vom unteren Querschnittsrand, das ist Punkt Z_u, ergibt sich

$N = -76{,}8 + 16{,}2 = -\ 60{,}6$ t $\quad (-\ 36{,}7\ \%)$,
$M = +\ 76{,}8 \cdot 0{,}377 - 16{,}2 \cdot 0{,}044 = +\ 44{,}3 - 0{,}7 =$
$= +\ 43{,}6$ tm $\quad (-\ 12{,}0\ \%)$

Bezogen auf den oberen Druckschwerpunkt D_o, dessen Lage hier als bekannt im oberen Sechstelpunkt angenommen wird, was nach Abb. 9 bei Vernachlässigung der Druckbewehrung dem Spannungsverhältnis

$$\frac{\sigma_b}{\sigma_e} = \frac{1}{13{,}5}$$

entspricht, ist

$N = -\ 60{,}6$ t $\quad (+\ 73{,}6\ \%)$,
$M = -76{,}8 \cdot 0{,}05 + 16{,}2 \cdot 0{,}583$
$= -\ 3{,}8 + 9{,}4 =$
$= +\ 5{,}2$ tm $\quad (-\ 37{,}3\ \%)$.

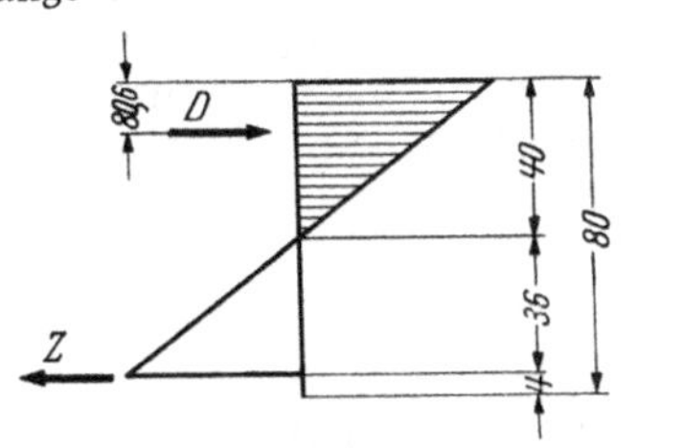

Abb 9.

Verfahren 2:

Für Punkt Z_u:

$N = -\ 60{,}5$ t $\quad (-\ 36{,}8\ \%)$,
$M = +\ 21{,}1 + 60{,}5 \cdot 0{,}36 = +\ 21{,}1 + 21{,}8 =$
$= +\ 42{,}9$ tm $\quad (-\ 13{,}3\ \%)$.

Für Punkt D_o:

$N = -\ 60{,}5$ t, $\quad (+\ 73{,}3\ \%)$,
$M = +\ 21{,}1 - 60{,}5 \cdot 0{,}267 = +\ 21{,}1 - 16{,}1 =$
$= +\ 5{,}0$ tm $\quad (-\ 39{,}8\ \%)$.

Genaues Verfahren:

Für Punkt Z_u:

$N = -\ 95{,}8$ t, $\qquad M = +\ 49{,}5$ tm.

Für Punkt D_o:

$N = -\ 34{,}9$ t, $\qquad M = +\ 8{,}3$ tm.

Der Vergleich der erhaltenen Werte zeigt, daß die Verfahren 1 und 2 etwa gleiche Ergebnisse liefern, daß die Werte aber unter bestimmten Verhältnissen — vor allem bei kleinen Spannweiten und kräftigen Gewölben — erheblich von den Werten abweichen, die eine genaue Untersuchung ergibt. Hinter den Ergebnissen der Verfahren 1 und 2 sind in Klammern die Fehlerprozente gegenüber den genauen Ergebnissen angeschrieben.

Verfahren 1a (verbessertes Verfahren 1).

Man kann das Verfahren 1 dadurch verbessern, daß man nicht die Randspannungen zweier verschiedener Lastfälle zusammensetzt, wie oben bereits erläutert wurde, sondern für ${}_{\max}M_{K\,u}$ das zugehörige $M_{K\,o}$ und für ${}_{\max}M_{K\,o}$

das zugehörige M_{Ku} ermittelt. Dann erhält man mit der Belastung 4

aus Linie 4: $_{\max}M_{Ku} = +\ 29{,}92$ tm,
aus Linie 2: $M_{Ko} = +\ 10{,}17$ tm,

und mit der Belastung 2

aus Linie 2: $_{\max}M_{Ko} = +\ 13{,}78$ tm,
aus Linie 4: $M_{Ku} = +\ 26{,}38$ tm.

Aus den resultierenden Druck- und Zugkräften, die in den Abb. 10 und 11 eingetragen sind, ergibt sich für Punkt Z_u:

$N = -\ 83{,}7 + 9{,}7 = -\ 74{,}0$ t $(-\ 22{,}8\ \%)$,
$M = +\ 83{,}7 \cdot 0{,}561 - 9{,}7 \cdot 0{,}028 = +\ 47{,}0 - 0{,}3 =$
$= +\ 46{,}7$ tm $(-\ 5{,}6\ \%)$,

und für Punkt D_0:

$N = -\ 64{,}7 + 17{,}8 = -\ 46{,}9$ t $(+\ 34{,}3\ \%)$,
$M = -\ 64{,}7 \cdot 0{,}042 + 17{,}8 \cdot 0{,}627 = -\ 2{,}7 + 11{,}2 =$
$= +\ 8{,}5$ tm $(+\ 2{,}4\ \%)$.

In Klammern sind die Fehlerprozente gegenüber den genauen Ergebnissen angeschrieben, die wesentlich kleiner

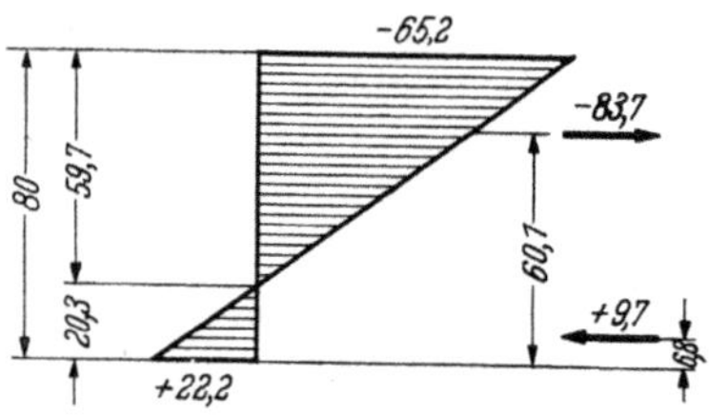

Abb. 10.

geworden sind, als sie es bei den Verfahren 1 und 2 waren. Eine Betrachtung der Zahlenergebnisse zeigt, daß die Verfahren 1, 2 und 1 a gegenüber dem genauen Verfahren zu kleine Werte für die Spannungen liefern, denn die Momente sind durchweg zu klein (bis auf die ganz geringe Zunahme beim Verfahren 1 a für den Bezugspunkt D_o) und die Normalkräfte sind dort, wo es sich um die Berechnung der Druckspannungen handelt (Bezugspunkt Z_u), zu klein und dort, wo es sich um die Berechnung der Zugspannungen handelt (Bezugspunkt D_o), zu groß. Da alle drei Näherungsverfahren die Lastscheiden nicht richtig erfassen, müssen sich auch für die Spannungen zu kleine Werte ergeben.

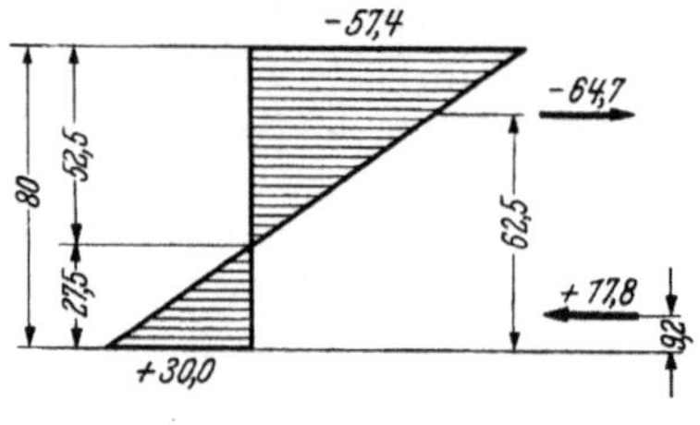

Abb. 11.

Da die Mehrarbeit bei dem Verfahren 1 a gegenüber 1 und 2 klein ist, sollte man diese Berechnungsweise überall dort anwenden, wo kleine Spannweiten vorliegen und nach Stadium II bemessen werden muß. Das Verfahren 2, das man noch öfter in Berechnungen antrifft, sollte dagegen nicht mehr verwendet werden, zumal es unbequemer ist. Stellt sich nämlich bei der Bemessung heraus, daß nicht das Spannungsstadium II, sondern I maßgebend ist, so geben die Einflußlinien des Verfahrens 2 bei Bestimmung der Randspannungen nur recht ungenaue Werte, während die der Verfahren 1 und 1 a bei beiden Spannungsstadien verwendet werden können.

Kurze Technische Berichte.

Der Einfluß elastischer Einspannungen und Querstützungen auf die Kippstabilität.

Sowohl theoretisch als auch durch Versuche wurde von A. R. Flint (England) die Kippstabilität von Trägern untersucht, die in ein elastisches Tragwerk eingespannt oder durch elastische Querstützungen seitlich gehalten sind. Die Träger haben konstanten Querschnitt und sind so bemessen, daß die Querschnittsverwölbungen infolge Torsion vernachlässigbar klein sind und die Beanspruchungen, bei denen das Kippen eintritt, im elastischen Bereich liegen.

Den Ausgangspunkt bildet der an beiden Enden in Gabeln gelagerte Träger, der mit anderen Worten in bezug auf Verdrehen starr und in bezug auf Biegung um beide Hauptachsen gelenkig gelagert ist. Der Träger wird in der Ebene, in der die maximale Biegesteifigkeit EJ_x wirksam ist, belastet, und seine ideale Kippbeanspruchung kann — ausgedrückt durch das maximale Biegemoment — durch die bekannte Formel

$$M_{xk} = \frac{c\,\pi}{l} \sqrt{EJ_y \cdot GJ_D} \qquad (1)$$

angegeben werden, in welcher

EJ_y die Biegesteifigkeit um die y-Achse (Minimumachse),
GJ_D die Drillsteifigkeit,
l die Stützweite des Trägers und
c einen von der Belastung abhängigen Zahlenwert

bedeuten. Die Hauptkrümmung, d. i. die Krümmung infolge der Biegesteifigkeit EJ_x, wird näherungsweise durch den Faktor $\gamma = \dfrac{J_x}{J_x - J_y}$ berücksichtigt, der in Gl. (1) unter der Wurzel einzufügen ist. Man vergl. hierzu auch die deutsche Literatur [1] und [2]. In den meisten Fällen ist allerdings J_x so wesentlich größer als J_y, daß — wie in allen folgenden Untersuchungen — zur Vereinfachung $\gamma = 1$ gesetzt werden kann. Für zwei symmetrische Einzellasten P, deren Angriffspunkte in der Trägerachse liegen, ist der Lastbeiwert $c = c_0$ in Abhängigkeit vom Abstand αl der Lasten P von den Auflagerpunkten in Abb. 1 dargestellt. Nähern sich die Lasten P den Auflagerpunkten $(\alpha \to 0)$, so geht die Beanspruchung in ein konstantes Biegemoment mit $c_0 = 1$ über, während für eine Einzellast $2P$ in Balkenmitte $(\alpha = 0{,}5)$ der Lastbeiwert mit $c_0 = 1{,}35$ sein Maximum erreicht, vgl. [3]. In den neueren

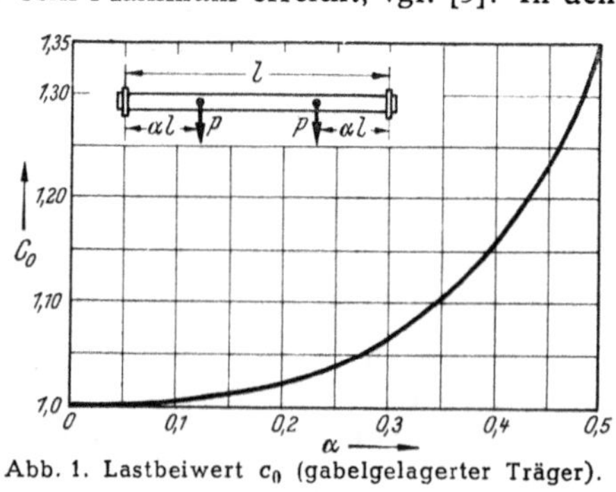

Abb. 1. Lastbeiwert c_0 (gabelgelagerter Träger).

englischen Literaturstellen [4] bis [6] werden u. a. weitere Lastverteilungen sowie Abweichungen der Lastangriffspunkte von der Trägerachse [4] und Exzentrizitäten im Lastangriff sowie Abweichungen der Mittelebene des Trägers von der Lastebene [5] behandelt.

Die nachstehend mitgeteilten Ergebnisse der englischen Untersuchungen, welche die elastischen Einspannungen bzw. Querstützungen getrennt behandeln, zeigen, daß im allgemeinen schon durch geringe Einspannungsgrade bzw. seitliche Abstützungen die Kippstabilität gegenüber gabelgelagerten Trägern beachtlich gesteigert wird, mit Ausnahme einer elastischen Einspannung gegenüber Verdrehen, die eine Verminderung der Kippbelastung herbeiführt.

1. Elastische Einspannung in der Lastebene.

Der Träger ist nur in der Lastebene elastisch eingespannt, während für Biegung um die y-Achse gelenkige Lagerung und gegen Verdrehen starre Lagerung vorhanden ist. Die Einspannmomente M_{x0} sind abhängig von den Steifigkeiten sowohl des Trägers (EJ_x) als auch der Tragkonstruktion, in die der Träger eingespannt ist. Wird die Größe der elastischen Einspannung R_x als dasjenige Einspannmoment definiert, welches die Verdrehung 1 an den Stützen hervorruft, d. h. $R_x = \frac{M_{x0}}{\varphi_0}$, worin φ_0 die zu M_{x0} gehörige Tangentenneigung $\frac{dv}{dz}$ der Biegelinie des Trägers am Auflagerpunkt bezeichnet, so beträgt

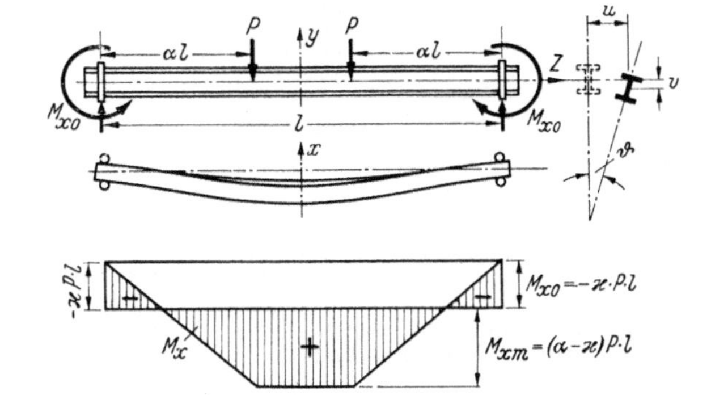

Abb. 2. Bezeichnungen und Biegemomente M_x für den in der Lastebene elastisch eingespannten Träger.

das Einspannmoment für zwei symmetrische Einzellasten P (Abb. 2)

$$M_{x0} = -\frac{P l \alpha (1-\alpha)}{1 + \frac{2 E J_x}{R_x l}} = -\varkappa P l. \tag{2}$$

Mit der näherungsweise zutreffenden Annahme, daß die Drillverformung beim Kippen durch eine einfache Sinuslinie dargestellt werden kann, wird nach der Energiemethode die kritische Kippbelastung $P = P_k$ zu

$$P_k = \frac{\pi \sqrt{E J_y \cdot G J_D}}{l^2 \sqrt{2 F_1 - 4 F_2 \varkappa + \varkappa^2}} \quad \text{mit} \tag{3}$$

$$F_1 = \frac{1}{4\pi^3} \sin 2\pi\alpha - \frac{\alpha}{2\pi^2} \cos 2\pi\alpha + \frac{\alpha^2}{2}\left(1 - \frac{4\alpha}{3}\right) \text{ und}$$

$$F_2 = \frac{\alpha}{2}(1-\alpha) + \frac{1}{4\pi^2}(1 - \cos 2\pi\alpha) \quad \text{erhalten.}$$

Für den Sonderfall eines in der Lastebene beiderseits starr eingespannten Trägers mit einer Einzellast P_m in Trägermitte $\left(\varkappa = \frac{1}{4}\right)$ wird

$$P_{mk} = \frac{43{,}5}{l^2} \sqrt{E J_y \cdot G J_D}\ . \tag{4}$$

Dieser Wert ist das 2,57fache der entsprechenden Kipplast bei gelenkiger Auflagerung.

Aus Vergleichsgründen wird für alle folgenden Untersuchungen der Ausdruck (1) für die kritischen Kippbelastungen zugrunde gelegt; dementsprechend kommt dem Beiwert c eine erweiterte Bedeutung zu, er ist im folgenden nicht nur von der Belastung, sondern auch von der Einspannungsart abhängig.

Für den in Abb. 2 gezeigten Lastzustand ist mit $c = c_1$

$$M_{xk} = (\alpha - \varkappa) P_k l = \frac{c_1 \pi}{l} \sqrt{E J_y \cdot G J_D}, \tag{5}$$

wobei der Beiwert c_1 in Abhängigkeit vom elastischen Einspannungsgrad $\frac{R_x l}{E J_x}$ für zwei symmetrische Einzellasten in den Abständen $\alpha l = \frac{l}{4}$, $\frac{l}{3}$ und $\frac{l}{2}$ der Abb. 3 zu entnehmen ist.

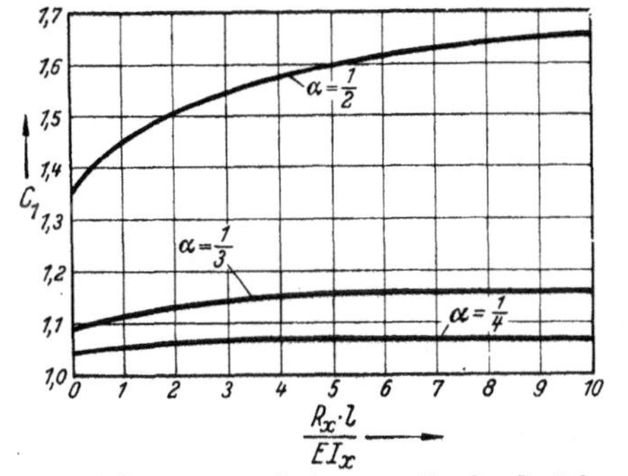

Abb. 3. Last- und Einspannungsbeiwert c_1 (in der Lastebene elastisch eingespannter Träger).

2. Elastische Einspannung normal zur Lastebene.

Ist der Träger normal zur Lastebene, d. h. in der xz-Ebene, elastisch eingespannt, während in der Lastebene gelenkige Auflagerung und gegen Verdrehen starre Einspannung vorhanden ist, und wird der Einspannungsfaktor analog zu 1. mit $R_y = \frac{M_{y0}}{\psi_0}$ bezeichnet, worin ψ_0 die zum Einspannmoment M_{y0} gehörige Endtangentenneigung der Biegelinie des Trägers in der xz-Ebene, also im ausgekippten Zustand, bedeutet, so ist der in Gl. (1) an Stelle von c zu verwendende Beiwert c_2 für die beiden Grenzfälle eines konstanten Biegemomentes $(\alpha \to 0)$ und einer Einzellast in Trägermitte $\left(\alpha = \frac{1}{2}\right)$ der Abb. 4 zu entnehmen. Für konstantes Biegemoment (untere Kurve)

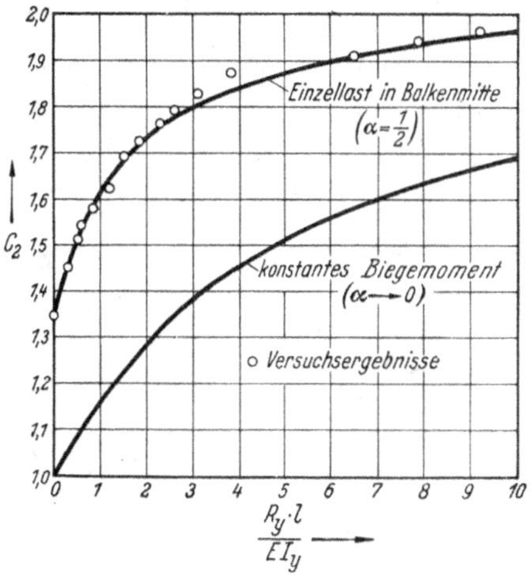

Abb. 4. Last- und Einspannungsbeiwert c_2 (senkrecht zur Lastebene elastisch eingespannter Träger).

ergibt sich die Beziehung zwischen dem Einspannungsgrad $\frac{R_y l}{E J_y}$ und c_2 durch Auflösung der Differentialgleichung in geschlossener Form zu

$$\frac{R_y l}{E J_y} = \frac{-\pi c_2 \sin \pi c_2}{1 - \cos \pi c_2}\ . \tag{6}$$

Beide Kurven der Abb. 4 beginnen mit einem steilen Anstieg, so daß schon für kleine Werte $\frac{R_y l}{E J_y}$ eine merkliche Erhöhung der Kippstabilität gegenüber gelenkiger Lagerung eintritt. Mit wachsender Einspannung nähern sich die Kurven asymptotisch den Werten $c_2 = 2{,}00$ für konstantes Biegemoment (untere Kurve) und $c_2 = 2{,}06$

für eine Einzellast in Trägermitte (obere Kurve). Die an der oberen Kurve markierten Punkte stammen von Versuchsergebnissen, die mit einem Modellträger aus Aluminium im Ingenieurlaboratorium der Universität Bristol gefunden wurden; sie zeigen ausgezeichnete Übereinstimmung mit den rechnerischen Lösungswerten.

3. Elastische Einspannung gegenüber Verdrehen.

Die Auswertung der genauen Lösungen bei elastischer Einspannung gegenüber Verdrehen und gelenkiger Lagerung in bezug auf Biegung um beide Hauptachsen zeigt, daß mit ausreichender Genauigkeit für den hier behandelten Lastfall mit zwei symmetrischen Einzellasten das Verhältnis n der Kippbelastung eines Trägers mit elastischer Einspannung gegen Verdrehen zur Kipplast desselben Trägers mit starrer Einspannung gegen Verdrehen (Gabellagerung) etwa

$$n = 1 - \frac{4}{3}\,\frac{G J_D}{R_D\, l} \quad \text{mit } R_D = \frac{T_0}{\vartheta_0} \qquad (7)$$

beträgt, wobei ϑ_0 die Verdrehung der elastischen Einspannung am Trägerende infolge des beim Kippen auftretenden Einspannmomentes T_0 bedeutet. Im allgemeinen ist die Torsionssteifigkeit des Trägers erheblich geringer als diejenige der Stützkonstruktion, so daß das Steifigkeitsverhältnis $\frac{G J_D}{R_D\, l}$ kaum den Wert 0,02 überschreitet und die Minderung der Kipplast gegenüber Gabellagerung in den meisten praktischen Fällen nicht mehr als 3 % beträgt.

4. Elastische Zwischenstützung.

Ein an beiden Enden gabelgelagerter Träger wird in Trägermitte entsprechend Abb. 5 seitlich elastisch gestützt. Die im Augenblick des Kippens entstehende Rückhaltekraft beträgt

$$W = K_B\,(u + d \cdot \vartheta), \text{ wobei}$$

u die seitliche Ausbiegung des Trägers,
d den Abstand des Anschlußpunktes der seitlichen Stützung von der Nullinie des Trägers,
ϑ den Verdrehungswinkel des Trägerquerschnitts und
K_B die Federkonstante der seitlichen Stützung (t/cm)

bedeuten. Um ausreichend genaue Werte der idealen Kippbelastung zu erhalten, müssen im allgemeinen min-

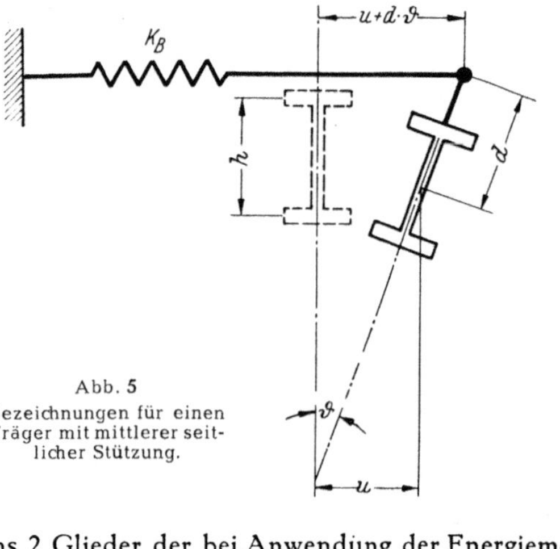

Abb. 5 Bezeichnungen für einen Träger mit mittlerer seitlicher Stützung.

destens 2 Glieder der bei Anwendung der Energiemethode für die Verdrehungsverformung in Ansatz gebrachten trigonometrischen Reihe berücksichtigt werden. Für eine Einzellast in Balkenmitte $\left(\alpha = \frac{1}{2}\right)$ sind die Beiwerte c_4, die in Gl. (1) an Stelle von c einzusetzen sind, in Abhängigkeit von $\lambda = \frac{K_B\, l^3}{48\, E J_y}$, dem Verhältnis der Rückhaltesteifigkeit zur Biegesteifigkeit des Trägers um die y-Achse, der Abb. 6 bei verschiedenen Höhenlagen des Angriffspunktes der elastischen Abstützung zu entnehmen. Es leuchtet ein, daß von den drei dargestellten Möglichkeiten — Angriff der Stützung im Obergurt, in der Nullinie und im Untergurt — von der erstgenannten die beste Wirkung erzielt wird. Für kleine Werte von λ genügt es, nur das erste Glied im Reihenansatz zu berücksichtigen. Hierbei ergibt sich für den allgemeineren Lastfall

$$c_4 = \varepsilon \sqrt{1 + \lambda}\,, \text{ worin} \qquad (8)$$

$\varepsilon = 1$ für Belastung durch ein konstantes Biegemoment ($\alpha \longrightarrow 0$) und $\varepsilon = 1{,}35$ für Belastung durch eine Einzellast in Trägermitte zu setzen ist. Aus Abb. 6 ist ferner der Wert der Steifigkeit zu entnehmen, den die seitliche

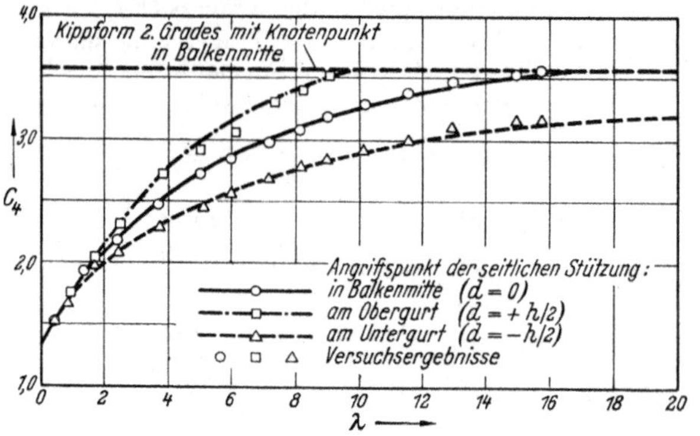

Abb. 6. Last- und Steifigkeitsbeiwert c_4 (Träger mit seitlicher Stützung).

Stützung mindestens haben muß, um ein Auskippen des 2. Grades zu erzwingen. Da hierbei in der ausgekippten Trägerform im Angriffspunkt der seitlichen Stützung ein Knoten entsteht, kann eine Steigerung der Federkonstante über diesen Mindestwert hinaus keine Erhöhung der Kippstabilität des Trägers bringen.

5. Biegesteife Querriegel als Zwischenstützung.

Bei zwei oder mehreren nebeneinander liegenden und gleich belasteten Trägern erhöhen biegesteife Querriegel die Kippstabilität, da sie die Balkendrehung behindern. Abb. 7 zeigt die Verformung eines Trägerpaares im ausgekippten Zustand, deren gleich belastete Träger durch

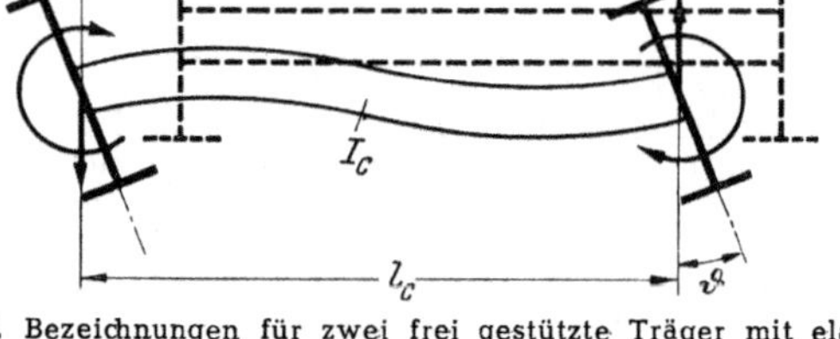

Abb. 7. Bezeichnungen für zwei frei gestützte Träger mit elastischem Querriegel in Trägermitte.

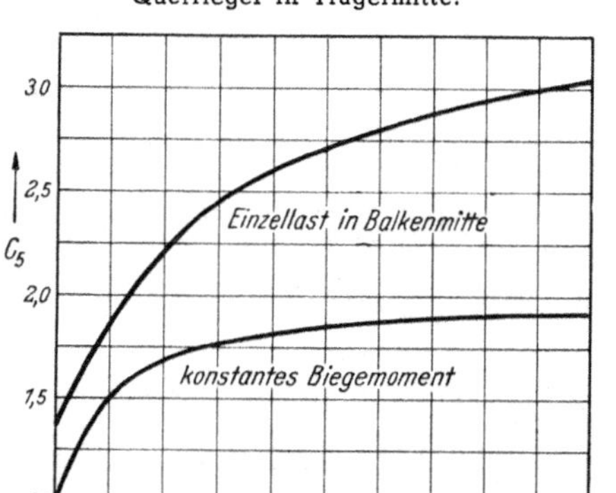

Abb. 8. Last- und Steifigkeitsbeiwert c_5 (2 Träger mit elastischem Querriegel in Trägermitte).

einen mittleren Querriegel verbunden sind. Der Beiwert c_5, d. i. $c = c_5$ in Gl. (1), ist in Abhängigkeit von $\mu = \frac{6\, E J_c\, l}{G J_D\, l_c}$, dem Verhältnis der Biegesteifigkeit des Querriegels zur Drillsteifigkeit eines der beiden Träger, in

Abb. 8 dargestellt. Die Werte J_c und l_c beziehen sich auf den Querriegel. Der Zusammenhang zwischen c_5 und μ wird durch Lösung der Differentialgleichung gefunden. Für die Belastung durch ein konstantes Biegemoment je Balken ($\alpha \longrightarrow 0$; untere Kurve der Abb. 8) ist die Lösung in geschlossener Form, nämlich

$$\mu = -2\pi c_5 \operatorname{ctg} \frac{\pi c_5}{2} \tag{9}$$

möglich, während für andere Lastfälle, etwa eine Einzellast in der Mitte jedes Balken $\alpha = \frac{1}{2}$; (obere Kurve der Abb. 8), die Lösung durch Potenzreihen darstellbar ist. [Nach The Structural Engineer, 29 (1951) S. 235—246.]

R. Barbré, Dortmund.

Literatur.

1. Prandtl, L.: Inaug.-Diss. München, 1899.
2. Chwalla, E.: Die Kippstabilität gerader Träger mit doppeltsymmetrischem I-Querschnitt. Forsch.-Heft 2 aus dem Gebiete des Stahlbaues. Berlin 1939.
3. Pflüger, A.: Stabilitätsprobleme der Elastostatik. Berlin / Göttingen / Heidelberg 1950.
4. J. Prescott, „The Buckling of deep Beams". Phil. Mag. Vol. 36, S. 297 und Phil. Mag. Vol. 39, S. 195.
5. A. R. Flint, „The Stability and Strength of slender Beams". Engineering, Vol. 170, S. 545.
6. A. R. Flint, „The Stability of Beams loaded through secondary Members". Civil Engineering and Public Works Review, Vol. 46, Nos. 537—8, S. 175 u. 259 ff.

Die kombinierte Eisenbahn- und Straßenbrücke über den Tigris bei Bagdad.

Die normalspurige von Istanbul kommende Bagdadbahn und eine meterspurige Bahn von Basra enden auf dem rechten Tigrisufer im Bahnhof Bagdad-West. Auf dem linken Tigrisufer beginnt eine in Richtung auf die persische Grenze verlaufende Bahn mit Meterspur. Beide Bahnsysteme wurden 1920 durch eine Eisenbahnfähre verbunden. Nachdem diese als Provisorium gedachte Fähre etwa 30 Jahre ihren Dienst versehen hatte, ist sie jetzt durch eine mit den Rampenbauwerken 2200 m lange eingleisige Brücke ersetzt worden. Diese hat Meterspur, ist jedoch so konstruiert, daß später auch die Verlegung von Normalspur möglich ist. Es werden auf 740 m Länge über den Strom und das Ufergelände eine 5,5 m breite Straße und ein 3,0 m breiter Fußweg mit überführt, so daß mit den kurz vor dem letzten Kriege fertiggestellten beiden Brücken in Stadtmitte jetzt drei feste Übergänge dem Straßenverkehr zur Verfügung stehen.

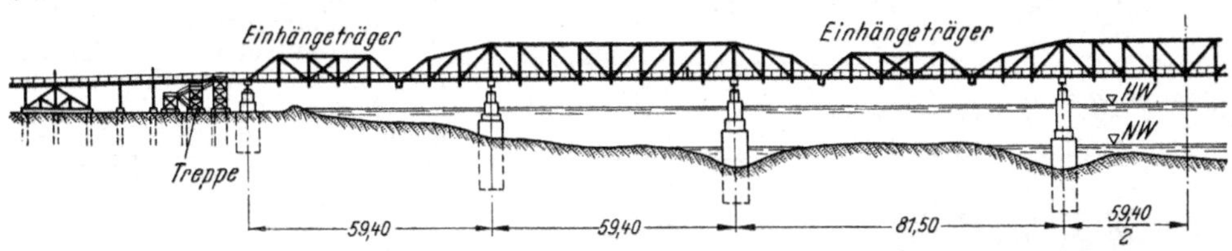

Abb. 1. Strombrücke (die nicht dargestellte Hälfte ist symmetrisch).

Die 460 m lange Strombrücke für Straße und Eisenbahn ist ein Fachwerk-Gerberträger mit 7 Öffnungen (Abb. 1) und ruht auf bis zu 22 m unter NW — bzw. 30 m unter HW — mit Druckluft gegründeten Pfeilern. Die stählernen Senkkästen sind genietet, die zum Schutz des frischen Betons bis kurz unter NW geführten stählernen Mantelbleche wurden mit Heftschrauben verbunden und dann überlappt geschweißt. Oberhalb der Mantelbleche wurden die Pfeiler in von außen abgestützten Stahlschalungen gegossen. Die Schaltafeln stützen sich dabei mit einem Vorsprung in waagrechten Fugen auf älterem Beton ab; die horizontalen Kräfte wurden von über den Tafeln angeordneten Rahmen aufgenommen (Abb. 2). In einem Pfeiler ist eine Pumpstation für Flußwasser für industrielle Zwecke eingebaut, bei zwei weiteren Pfeilern wurden die für einen späteren Einbau nötigen Einrichtungen bereits jetzt geschaffen.

Die Straße wird auf jedem Ufer nach Verlassen der Strombrücke auf 140 m langen bis 4 % geneigten Rampenbrücken auf Geländehöhe heruntergeführt. Diese Brücken und diejenigen der je rd. 860 m langen Rampen der Eisenbahn, die teilweise in Kurven ($R = 580$ m) verlaufen, haben — von einigen weiter gespannten vollwandigen Straßenunterführungen abgesehen — durchweg 7,7 m Spannweite. Diese enge Teilung wurde gewählt, um den außerordentlich schlechten Baugrund möglichst gleichmäßig zu belasten. Die kontinuierlich von Bremsjoch zu Bremsjoch auf etwa 8 Felder durchlaufenden Brückenträger

Abb. 2. Strompfeiler mit Stahlschalung.

sind so bemessen, daß sie ohne Überbeanspruchung bei einer Stützensenkung von 6 mm 25 % des Auflagerdrucks auf die Nachbarfundamente übertragen. Um Setzungen möglichst gering zu halten, wurden die Stützen der Rampenbrücken nicht massiv, sondern als stählerne Fachwerkwände, die unten in die Fundamentbalken eingespannt sind, ausgeführt. Die größte Bodenpressung einschließlich Verkehrslast und Wind ist nur 0,8 kg/cm², wobei 90 % der lotrechten Kräfte Verkehrslasten sind. Um bei besonders schlechten Stellen des Baugrundes noch mehr

Abb. 3. Innenansicht der Strombrücke.

Sicherheit zu haben, wurden unter den Fundamentbalken noch je 4 Betonpfähle 36/36 cm gerammt — hierdurch wird auch etwaiges Kippen der Fundamentbalken verhindert. Da das Grundwasser stark schwefelhaltig ist, wurden die mit ihm in Berührung kommenden Teile mit „Oilwell-Cement", einem Zement, wie er bei Erdölbohrungen benutzt wird, hergestellt. Die Rampenpfähle wurden, nachdem sie unter Wasser abgebunden hatten, zur Erhärtung der Oberfläche in eine 6prozentige Natrium-Silikatlösung getaucht.

Für die Brücke wurde neben normalem englischen Baustahl in großem Umfange hochwertiger Stahl mit σ_{zul} = 2,0 t/cm² (für Hauptkräfte) verwendet. Abgesehen von einigen Lagerstühlen wurde genietet. Bei der Strombrücke liegen Gleis und Straße innerhalb der Hauptträger, die Fußwege auf Konsolen (Abb. 3). Die Querträger sind unter die Untergurte der Hauptträger gehängt, ihre Verlängerungen bilden die Fußwegkonsolen. Die Längsträger sind zwischen den Querträgern bzw. Konsolen versenkt angeordnet. Diese in Deutschland — wohl in erster Linie wegen des wenig befriedigenden ästhetischen Eindrucks — kaum angewandte Bauweise hat den Vorteil einfacher Montage und gestattet bei Gelenken eine besonders einfache Gestaltung. Die Abb. 4 zeigt den unter den Gelenken angeordnten kastenförmigen Querträger — die normalen Querträger haben I -Querschnitt — und das aufgesetzte zum Schmieren eingerichtete Gleitlager. Alle Gelenke sind längsverschieblich, die Bewegungen sind durch Anschläge auf 5 cm begrenzt. Auf diese Weise konnten bei den Schienenauszügen und Fahrbahnübergängen die Spielräume klein gehalten werden. Allerdings sind, wenn die Bremskräfte größer als die Lagerreibungen werden, kleine Verschiebungen möglich, was aber offenbar nicht als kritisch angesehen wurde. Für die Montage wurden die Gelenke durch Bolzen gebildet, die für den endgültigen Zustand jedoch entfernt wurden.

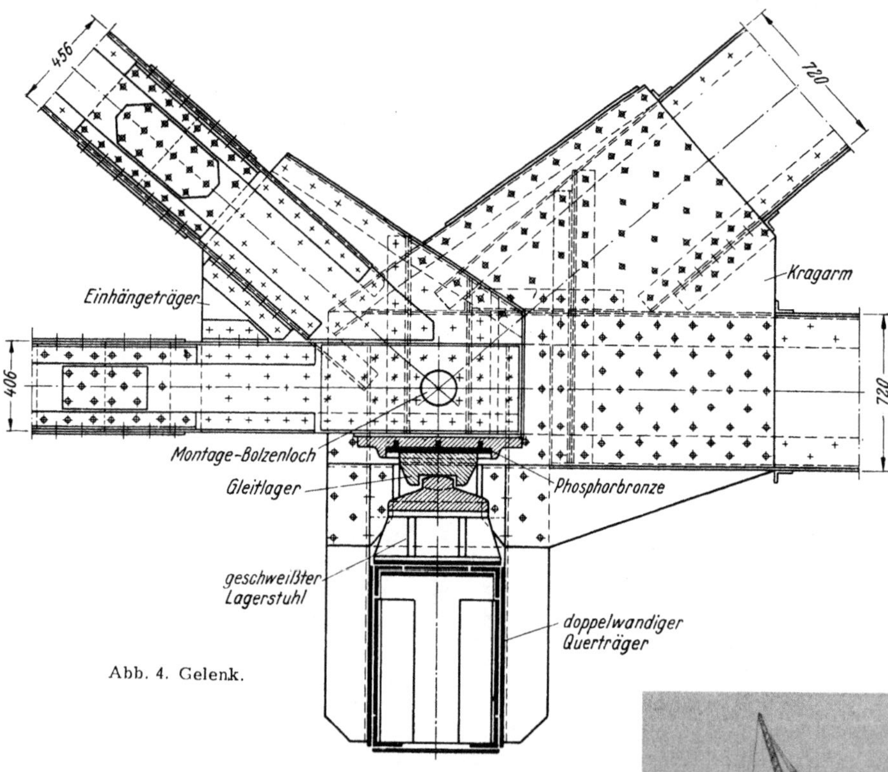

Abb. 4. Gelenk.

Der untere Verband liegt in Höhe der Querträgeroberkante und wird aus Trogblechen unter der Straße und einem daran anschließenden Verband unter dem Bahngleis gebildet (Abb. 3). Diese Trogbleche sind rinnenförmig gekantete und miteinander vernietete Bleche, die quer zur Brücke verlaufen und von Längsträger zu Längsträger frei tragen. Sie sind bis zur Rinnenoberkante mit Beton gefüllt und tragen einen Asphaltbelag. Der Fußweg hat dieselbe — jedoch entsprechend leichtere — Bauweise wie die Straßenfahrbahn. Die mit Beton in Berührung kommenden Teile erhielten drei Bitumenanstriche.

Bei den Rampenbrücken (Abb. 5) liegen die Hauptträger in Verlängerung der Brückenlängsträger. Ihre Spannweite entspricht etwa der Feldweite der Strombrücke, so daß die geschilderte Ausbildung von Straße und Bahn unverändert beibehalten werden konnte.

Die Montage der Strombrücke geschah von in den Uferöffnungen errichteten Rüstungen aus im Freivorbau über Zwischenjoche. Abb. 6 zeigt den Beginn der Montage eines Einhängeträgers, wobei die Gelenke durch später wieder entfernte Hilfsstäbe ausgeschaltet wurden. Die Derricks zeigen die typische englische Form mit an die Drehsäule angebrachtem Winden- und Führerhaus. Bemerkenswert ist die bei Fertigung und Montage angewandte Methode Nebenspannungen in den Hauptträger-

Abb. 5. Rampenbrücke (Foto G. Wimpey & Co. Ltd.).

stäben zu verringern. Hierzu wurden in der Werkstatt die Löcher der Knotenbleche bei Stäben mit besonders großen Nebenspannungen — bei den Ankerträgern je zwei Felder neben den Auflagern — nicht wie allgemein üblich so gebohrt, daß im spannungslosen Zustand — d. h. bei geraden Stäben — die Löcher der anschließenden Stäbe passen, sondern man setzte die Löcher so, daß erst unter der Belastung des Tragwerks, bei der ein Minimum an Nebenspannungen auftritt, die Stäbe gerade werden. Dies bedingt, daß bei der Montage die spannungslosen geraden Stäbe so verformt werden mußten, daß sie an die Knotenbleche anschließen konnten. Es wird berichtet, daß dies mit dem Montagekran und einigen Zügen leicht zu machen war. Dies erscheint möglich; die Schwierigkeiten werden bei dieser Methode jedoch hauptsächlich in der Werkstatt auftreten, da, um das gewünschte Ergebnis

Abb. 6. Montage im Freivorbau.

zu erzielen, die erforderliche Genauigkeit sehr groß sein muß und die Löcher nicht in üblicher Weise beim Anlegen der Hauptträger aufgerieben werden können. Mit diesem auch in englischen Fachkreisen umstrittenen Verfahren soll es möglich sein, 70 % der Nebenspannungen zu vermeiden.

Interessant bei den restlichen Arbeiten war, daß die Auflagerflächen der Schienen und Schutzschienen nach Verlegen der Schwellen durch eine auf provisorischem Gleis verschiebbare Fräse, deren Messerköpfe mit 4000 U/min liefen, eingeschnitten wurden. Bei dem 2,2 km langen Gleis erwies sich dies als sehr zweckmäßig.

Bei den Probebelastungen wurde festgestellt, daß, trotzdem keine besonderen Maßnahmen zur Erhöhung der Torsionssteifigkeit der Brücke getroffen waren, diese Steifigkeit so groß war, daß auf den Hauptträger neben dem belasteten Gleis nur 75 % der gerechneten Last entfielen. Der Rest wurde auf den straßenseitigen Hauptträger übertragen.

Bauherr dieses Objekts von rd. 12 Millionen DM war die Irakische Staatsbahn. Die Stahlkonstruktion im Gesamtgewicht von 7000 t — davon 3000 t „high tensile steel" — lieferten die bekannten englischen Firmen Cleveland Bridge Co. (Strombrücke), Braithwaite (Rampen) und Dorman Long (Caissons). Gesamtentwurf und Bauleitung hatte das Ingenieurbüro Coode, Vaughan-Lee Frank u. Gwytter. [Nach Reid u. Sully in Journal Institution Civil Engineers 36 (1950—51) S. 429.]

K. H. Seegers, Gustavsburg.

Gerätepflege beim Tunnelbau.

Gute Pflege der Geräte sichert den Fortschritt der Arbeit an einem 40,2 km langen Tunnel. Gute Gerätewartung ist notwendig, um einen großen Arbeitsfortschritt zu erzielen. Beim Bau des Ost-Delaware-Tunnels durch die Catskill Berge für die Wasserversorgung der Stadt New York hat der Walsh-Perini-Konzern eine besondere Mannschaft zur Gerätepflege eingesetzt.

Der lichte Durchmesser des Tunnels beträgt 3,46 m. Die Bohrung wird von 2 Portalen und 2 Schächten, 184 m und 295 m tief, aus vorgetrieben. Das Gebirge ist horizontal geschichtet und besteht aus Sandstein. Die Bohrarbeit leisten „Elefanten", die auf Schienen laufen. Jedes Gerät trägt 6 Bohrmaschinen auf hydraulisch arbeitenden Lafetten. Im ganzen Tunnelquerschnitt werden 43 bis 50 Löcher von 2,74 m Länge gebohrt.

Der tägliche Fortschritt vor Ort beträgt bis zu 15 m. Das Gesteinsmaterial wird von einer mit 100 PS betriebenen Ladevorrichtung in 5,5 m lange Hunde geladen. Die Gerätewartung geschieht teils im Tunnel selbst, teils an den Portalen und zum Teil in der Hauptwerkstatt.

Die Ladevorrichtung wird in jeder Schicht nachgesehen und eingefettet. Die Hunde werden jede Woche abgeschmiert, die Aufzüge täglich überprüft. Besonderer Wert wird auf eine kontinuierliche Bohrerpflege gelegt. Für jede Bohrmaschine wird ein voller Satz geschärfter Bohrer bereitgehalten. Spätestens nach 3 Arbeitsgängen ist ein Bohrersatz vollkommen ausgewechselt. Eine Krone wird in etwa 1 Minute geschärft. Mit einer Krone können etwa 300 m Bohrloch hergestellt werden. Die besondere Aufarbeitung der Bohrer geschieht in der Hauptwerkstatt, wo sie abgelängt, geschmiedet, gestaucht und gerichtet werden. Über Einzelheiten der verschiedenen Vorgänge vgl. die Quelle. Die Gesamtkosten des Tunnels betragen 44 Mill. Dollar. [Nach Construction, Methods and Equipment 33 (1951) Nr. 7 S. 46—49.]

J. Schlums, Hannover.

Experimentelle Spannungsermittlungen an Eckkonsolen

1. Einführung. Bei den nachfolgend beschriebenen Untersuchungen von Konsolen an Stützen wurde neben Dehnungs-Gebern [1] mit Vorteil die spannungsoptische Technik der Spannungs-Erstarrung [2] angewandt. — Diese Methode besteht darin, ein aus besonderem Preßstoff hergestelltes Versuchsmodell nach Erhitzung auf eine bestimmte Temperatur zu belasten und anschließend bei Aufrechterhaltung der Belastung auf Raumtemperatur abzukühlen. Wird zuletzt die Belastung entfernt, so zeigt sich, daß die spannungsoptische Wirkung infolge des vorangegangenen Spannungszustandes noch einige Zeit bestehen bleibt, so daß letztgenannter auf einer „spannungsoptischen Bank" ermittelt werden kann. Auch vermag man dünne Scheiben usw. vom Modell abzulösen und getrennt zu untersuchen, so daß in diesem Falle evtl. sogar dreidimensionale Spannungszustände geklärt werden könnten.

Wegen der benutzten Versuchsvorrichtungen sei auf [1] und [2] verwiesen. Bei [1] bestand die Stütze aus 2 [-Profilen (10″ · 3½″), welche einen solchen Abstand besaßen, daß Dehnungsmeßstreifen z. T. auch an der Rückseite der Modell-Konsolen angeordnet werden konnten, und daß an den durch die beiden [-Stahl-Flansche hindurchgesteckten Anschlußbolzen ebenfalls Spannungsermittlungen vornehmbar waren. — Die Belastungsvorrichtung bestand aus einer auf unterschiedliche Exzentrizität einstellbaren Schneide, die mit der zu untersuchenden Konsole in direkter Berührung stand. Belastet wurde mittels Spannschraube, deren Kraft über einen geeichten Prüfring festgestellt werden konnte.

Interessant war vor allem die bei [2] angewandte spannungsoptische Methode (Technik der Spannungs-Erstarrung): Nur Preßstoffe mit bestimmter Molekularstruktur können für derartige Untersuchungen verwendet werden. Hier wurde Catalin 800 benutzt. Dieses Material besitzt, wenn es auf 84° C erhitzt und unter Belastung langsam abgekühlt wird, einen linearen spannungsoptischen Effekt bis zu etwa 6,33 kg/cm², wobei eine Ordnung der Isochromaten von etwa 18 bei 6,35 cm Dicke entsteht. Die Untersuchung der spannungsoptischen Bilder bzw. die Ermittlung der wirklichen Spannungen macht ein Eichmaß erforderlich; dieses erhält man durch einfaches Biegen eines Balkens oder durch einen Zugversuch, wobei das entsprechende Vergleichsmodell gleichzeitig mit dem Hauptmodell erhitzt und belastet wird.

Der Zweck der Versuche war ein doppelter: Erstens sollte die Beanspruchung innerhalb der Konsolscheiben (Eckbleche) gefunden und zweitens sollte die Scherbelastung der Befestigungsbolzen klargestellt werden. Insbesondere für die Ermittlung der Scherbeanspruchung in den Bolzen, welche ebenfalls aus Material Catalin 800 bestanden, wurde eine von Fisher [3] erdachte Methode der Integrierung der Ordnungen angewandt. Hierbei wird der Niet oder Bolzen in einen „optisch flachen" Behälter gelegt, der mit einer Flüssigkeit von gleichem Brechungsindex wie Catalin 800 gefüllt ist, um die durch die zylindrische Oberfläche des Modells verursachte Lichtbrechung zu vermeiden. Es wird dann das polarisierte Licht normal zur Belastungsrichtung durch den Bolzen geschickt, wodurch man ein Isochromatenmuster etwa gemäß Abb. 1 erhält.

Abb. 1.

Fisher hat gezeigt, daß die Last S, die von den Bolzen getragen wird, durch folgende Formel wiederzugeben ist:

$$S = \frac{K}{2} \int_{-\frac{1}{2}d}^{\frac{1}{2}d} f \cdot dy \,.$$

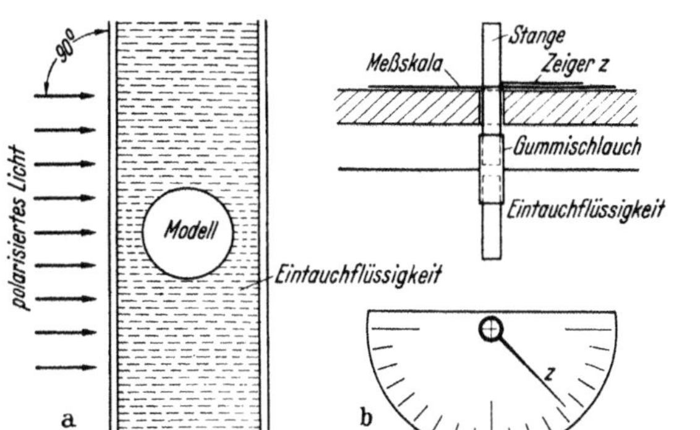

Abb. 2. Fishers Methode zur Beobachtung der Isochromaten (a) und zur Ermittlung der Richtung der Schubkraft (b).

Hierbei ist K = die spannungsoptische Konstante des Materials, f = die jeweilige Ordnung der Isochromaten im Abstand y vom Niet- oder Bolzenmittelpunkt und d der Nietdurchmesser. Die Größe f wird unter verschiedenen Durchstrahlungsrichtungen beobachtet, wobei die einzelnen Werte in einer Kurve aufzutragen sind. Die jeweilige Kurve begrenzt eine Fläche über dem Niet- oder Bolzendurchmesser, welche nur noch mit dem durch Eichungsteste gefundenen Wert $K/2$ zu multiplizieren ist.

Die technischen Vorrichtungen zur Auffindung der Richtung der größten Scherkraft des Bolzens ist aus Abb. 2 ersichtlich. Es gilt hierbei den Winkel zwischen der Bolzenscherkraft und der Wirkungsrichtung der äußeren Last zu finden. Durch Drehung der oberen Stange, die über einen Schlauch mit dem Bolzenmodell verbunden ist, kann die maximale f-Größe und somit der gesuchte Winkel festgestellt werden.

2. Die Versuche. Die im einzelnen untersuchten Konsoltypen waren folgende: A = einfache L-Konsole, B = T-Stahl-Konsole, C = Scheiben-Konsole.

Beim Konsoltyp A (einfache L-Konsole gemäß Abb. 3) wurde zunächst die geringe Bedeutung der unteren An-

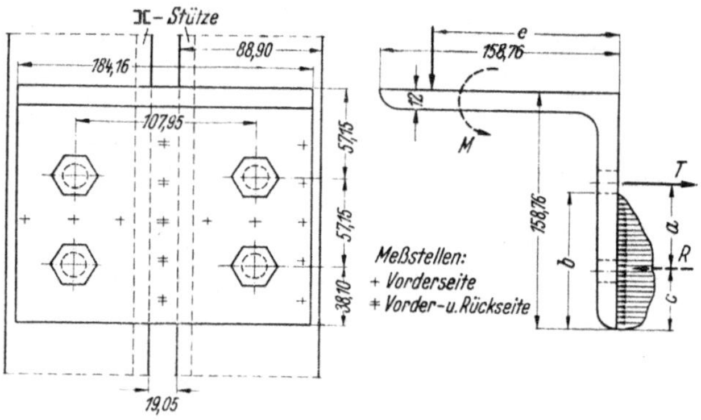

Abb. 3. Konsoltyp A (einfache L -Konsole).

das gesamte untere negative Druckgebiet, welche Erscheinung durch Reibungskräfte in den vorderen Bolzenlöchern erklärt werden konnte, da ja diese neben der Kraftkomponente aus dem Biegemoment auch eine solche auf Abscherung aufzunehmen haben; durch gut passende Bolzen werden diese Reibungsanteile der Zugkraft vermindert.

Es zeigt sich zuletzt, daß a) der Druck R mit Zunahme der Bolzen-Anfangsspannungen wächst, b) die Länge b, über die der positive Druck verteilt ist, mit der Anfangsspannung zunimmt, c) der Hebelarm a mit der Zunahme der Anfangsspannung abnimmt, d) mit der gleichen Anfangsspannung die Größe des Druckes R geringer und der Hebelarm a größer wird, wenn die unteren Bolzen wegfallen und zuletzt e) ohne die unteren Bolzen die Verteilungskurve des Druckes viel flacher ist. — Führt man bei zwei Bolzenreihen deren Abstand als Hebelarm ein, so ist bei kleinen Exzentrizitäten e die tatsächliche Belastung 50% größer als die berechnete, während für größere Exzentrizitäten e dieser Unterschied sich auf 10% verringert.

Beim Konsoltyp B (T-Stahl-Konsole) wurden sowohl Dehnungsmessungen (Abb. 4 a und 4 c) als auch spannungsoptische Untersuchungen (Abb. 4 b und Abb. 5) durchgeführt. — Beim Stahlmodell sind die Anschlußwinkel durch 5/8″-Niete mit dem Steg der Konsole verbunden. Die theoretische Beanspruchung im oberen Flansch und im unteren Stege der Konsole wurde auf Grund der Annahme errechnet, daß sie wie ein Ausleger wirkt, der eine einzelne konzentrierte Last trägt. Die Versuche zeigten, daß die Druckbeanspruchung im unteren Teil des Steges des T-Stahles viel größer ist als der errechnete Wert, während die (oberen) Zugspannungen zum Teil geringer sind. Zudem sind die Beanspruchungen in der lotrechten Kante des T-Stahlsteges gänzlich ver-

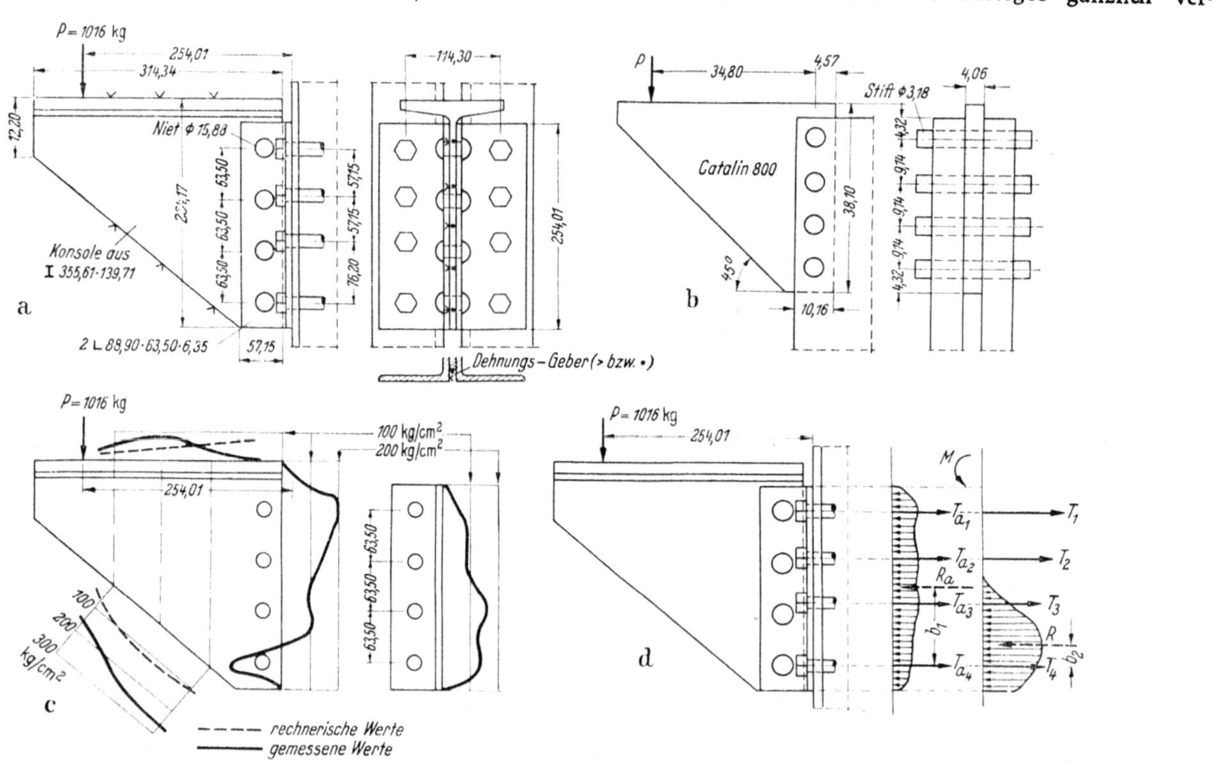

Abb. 4. Spannungsermittlungen an T-Stahl-Konsolen. a) Anordnung der Meßstellen. b) Spannungsoptische Untersuchung: Modell der Konsolscheibe. c) Spannungsverteilung (Bolzenvorspannung 258 kg). d) Einfluß der Bolzenvorspannung.

schlußbolzenreihe festgestellt, während die Vorspannung der Bolzen sich als wesentlicher erwies.

Abb. 3 b zeigt eine ermittelte Pressungsverteilung an der Rückseite der Konsole; außer der Zugkraft T ist der Hebelarm a unbekannt. Oberhalb der oberen Bolzenreihe können die gemessenen Biegespannungen (über Konsolbreite) mit den theoretischen Werten verglichen werden. Interessant ist hierbei, daß die in den oberen Bolzen (zwischen den beiden Stützenflanschen) gemessenen Zugkräfte als Summe zunächst etwas kleiner waren als

schieden von denen, die in den am Steg anliegenden Winkeln auftreten; hier ist also die Verbundwirkung durchaus nicht vollkommen. Die Stegspannungen zeigen größte Werte beim obersten und untersten Niet, während die Verteilung der Beanspruchung in den Anschlußwinkeln sich als gleichmäßiger erweist. — Bei dieser Konsolform wirkte sich die Vorspannung der Anschlußbolzen nicht wesentlich aus, wie auch die Fortnahme der beiden unteren Bolzenreihen nur geringe Änderungen des Beanspruchungszustandes hervorrief.

Die Isochromaten einer Konsolscheibe zeigt Abb. 5 a. Dieses Modell aus Catalin 800 wurde bei Raumtemperatur geprüft. Die Randspannungen entsprechend den Modellabmessungen (Abb. 4 b) sind aus Abb. 5 b entnehmbar. Auch hier stellt man teilweise eine Vergrößerung der gemessenen Werte gegenüber den rechnerischen fest. — Es ist aus Abb. 5 a an Hand der Isochromatenmuster eine beträchtliche Konzentrierung der Beanspruchung an den

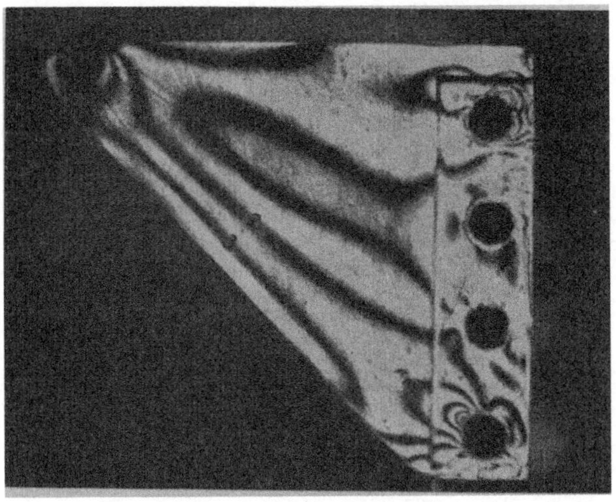

Abb. 5 a. Verteilung der Randspannungen.

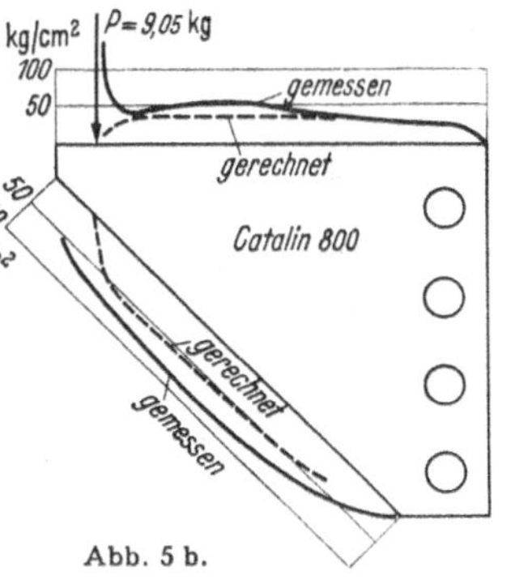

Abb. 5 b.

oberen und unteren „Nieten" (die hier aus Messingbolzen bestanden) erkennbar.

Eine Erhöhung der Bolzenvorspannungen — beim Stahlmodell — ergab, daß stets die Beanspruchung in der oberen Bolzenreihe am höchsten war, daß aber mit steigender Vorspannung die Unterschiede geringer wurden. Abb. 4 d gibt eine Analyse für den Einfluß der Bolzenvorspannungen, wobei zunächst die „Druckspannungen" an der Rückseite der Konsole (Winkelkanten) und weiterhin die Pressungen n a c h aufgebrachter Belastung dargestellt sind. Im obersten Bolzen erhält man z. B. $T_1 = T_{a1} + T_p$. Die Vorspannungsresultierende R_a fällt anfangs mit T_a zusammen; nach der Belastung ergibt sich eine Verschiebung des Pressungsschwerpunktes nach unten, um das Konsolmoment aufnehmen zu können.

T a b e l l e 1 (vgl. Abb. 4 d).

T_a (kg/Bolzen)	R_a (kg)	R (kg)	b_1 (mm)	b_2 (mm)	R/R_a	M/R_a (mm)
129,2	1034	2041	10,01	4,06	1,97	249,7
258,5	2068	2662	10,01	19,30	1,29	124,9
387,8	3102	3419	10,01	33,02	1,10	83,1
517,1	4137	4450	10,01	47,50	1,07	62,5
647,4	5179	5498	10,01	56,39	1,06	49,8
775,6	6205	6473	10,01	62,74	1,04	41,6

Tabelle 1 gibt einige Messungsergebnisse. Die Vorspannung der Bolzen war bei $T_a = 517{,}1$ (kg/Bolzen) am günstigsten; mit höheren Werten wird die Gesamtbelastung pro Bolzen größer als 750 kg, d. h. gleich dem Wert für Bolzen 1 bei fehlender Vorspannung.

Beim Konsoltyp C (Scheibenkonsole) wurde hauptsächlich die Schubbelastung in den Nieten zu ermitteln versucht. Die theoretischen Scherkräfte können unter der Annahme starrer Scheiben gefunden werden, sie sind mit den Versuchswerten gemäß der fotoelastischen Methode zu vergleichen.

Bei der Auswertung der Isochromaten wurde ein Eichstab für direkte Spannungsmessung gleichzeitig im Ofen belastet. Die Richtung der resultierenden Scherkraft erhielt man wie an Hand der Abb. 1 und 2 beschrieben. — Die Beanspruchung in der Konsole, wie sie sich zuletzt nach getrennter Behandlung von Konsolmodell, Stützenmodell und Bolzenmodellen ergab, ist in Abb. 6 dargestellt. Die von den einzelnen Bolzen aus Material Catalin 800 aufgenommene Belastung ist durch Integration der Isochromaten-Ordnungskurven ermittelt worden. Der Vergleich mit den rechnerischen Werten zeigt z. T. erhebliche Unterschiede, vor allem beim Bolzen Nr. 5.

3. S c h l u ß b e m e r k u n g. Bei den drei untersuchten Konsoltypen wurde einheitlich festgestellt, daß die gemessenen Beanspruchungen im Druckbereich der Konsolscheibe größer waren, als es die Rechnung ergab. Unter-

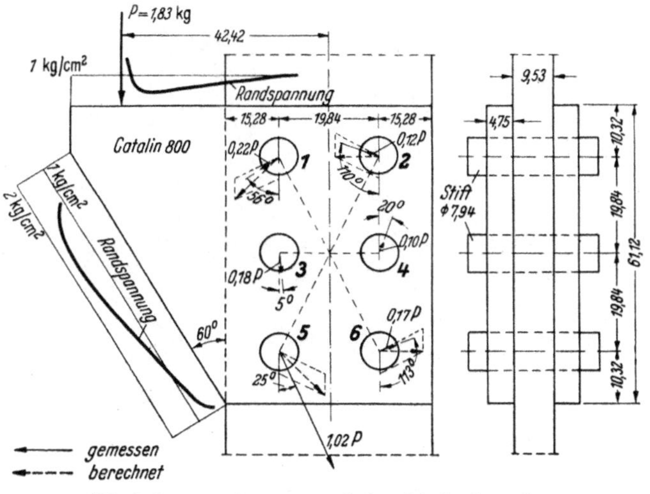

Abb. 6. Beanspruchungszustand der Scheibenkonsolen.

halb der Last ist jeweils eine starke Konzentration der Beanspruchung vorhanden. Die Vorspannung der Anschlußbolzen ist von großem Einfluß auf die Pressungsverteilung zwischen Konsole und Stütze. Die im Druckbereich liegenden Anschlußbolzen sind von geringer Bedeutung. [Nach Journal Institution Civil Engineers 36 (1951), Nr. 10, S. 503—533.]

O. S t e i n h a r d t, Karlsruhe.

L i t e r a t u r.

1. Zweiter Bericht des Steel Structures Research Comittee, H.M.S.O. 1934.
2. Letzter Bericht des Steel Structures Research Committee, H.M.S.O. 1936.
3. W. A. P. F i s h e r : Photo-elastic determination of the Shear-load in bolts by means of the Freezing Method. R.A.E. Report S.M.E. 3365.
4. K. M a r g u e r r e : Neuere Festigkeitsprobleme des Ingenieurs. Berlin 1950. S. 30.

Schaufelradbagger für den Erdbau.

Für Erdbauarbeiten im einfachen Blockbetrieb, im Blockbetrieb mit getrennter Materialgewinnung oder mit drei Arbeitsstufen, im Schlauchbetrieb und zum Herstellen von Abfahrten oder Gräben setzte man bisher einen Löffelbagger oder einen kleinen Eimerkettenbagger ein. Ein Bagger mit kreisförmig umlaufenden Abtraggefäßen war ungebräuchlich, da auch nur wenige solche Bauarten bestanden. Zum Ausheben von Gräben z. B. gab es nur einen Grabenfräser mit heb- und senkbarer Fräßscheibe der früheren Allg. Transportanlagen Ges. in Leipzig und in USA. einen Grabenbagger mit Kreiseimerleiter von The Cleveland Trencher Co. Die günstigen Erfahrungen, die in Braunkohlentagebauen mit großen Schaufelradbaggern gemacht wurden, waren der Anlaß, daß von Stahlbau Rheinhausen kürzlich ein kleiner Schaufelradbagger entwickelt wurde (Abb. 1), der sich für den Erdbau eignet und wirtschaftlich arbeitet. In gut baggerfähigem Boden (1,3 spez. Gewicht), mit 2 Mann Bedienung (1 Baggerführer, 1 Maschinist) und bei einer Leistung von 285 000 m³/Jahr (80 % der theoretischen Leistung von 192 m³/h, 8 h/Tag, 303 Tage/Jahr) ergeben sich unter Berücksichtigung aller Faktoren, aber ohne Steuern und Verwaltungskosten, nach dem heutigen Kostenstand und 18 Jahre Abschreibung und Verzinsung (zus. 8,25 %) bei Betrieb durch elektrischen Strom aus einem Netz (12 Pf./kWh) 21,83 Pf./m³ und bei Betrieb durch ein Diesel-Elektroaggregat (48 Pf./kg Dieselöl) 26,85 Pf./m³.

Der Schaufelradbagger ist nach folgenden Zahlen gebaut: Eimerinhalt 100 l, Anzahl der Eimer 6, Schüttungs-

Abb. 1. Schaufelradbagger Sch $Rs \frac{100}{0,5}$ 10 für den Erdbau.

zahl 32/min, theoretische Leistung 192 m³/h, Hubgeschwindigkeit des Schaufelradauslegers 1,84 m/min, Schwenkgeschwindigkeit 7 m/min, Abtraghöhe 10 m, Abtragtiefe 0,5 m, Schwenkwinkel des drehbaren Oberteiles 360°, Ausladung des Abwurfbandes 11 m, Abwurfhöhe 2,9—7,3 m, Schwenkwinkel 180°, Schwenkgeschwindigkeit 10 m/min, Bandgeschwindigkeit 1,68 m/sec, Länge der Raupen 5 m, Breite 1 m, mittlerer spezifischer Bodendruck 0,75 kg/cm²,

Abb. 2. Antrieb des Schaufelrades mit einer Voith-Sinclair-Sicherheitskupplung.

Dienstgewicht 80 t, Fahrgeschwindigkeit 5 m/min, beim Ortswechsel befahrbare Steigung 1 : 10; Motorleistungen: Schaufelrad 22, Förderband zum Schaufelrad 11, Abwurfförderband 11, Schwenkwerk des Oberteiles 3, Schwenkwerk des Abwurfauslegers 3, Hubwerk des Schaufelradauslegers 10, Fahrwerk 14,7 kW (zusammen 89 kW).

Durch die große Beweglichkeit und das Zweiraupenfahrwerk mit dem geringen spez. Bodendruck wird ein Befahren auch eines wenig tragfähigen Untergrundes möglich. Der Strom zum Antrieb der Motoren kann aus einem Netz entnommen oder durch ein eingebautes Stromaggregat mit einem 100-PS-Dieselmotor erzeugt werden. Auf dem Unterwagen mit zwei Raupen, von denen die eine zum Ausgleich von Unebenheiten des Erdbodens pendelnd aufgehängt ist, dreht sich der Oberteil mit dem Gegengewichtsausleger, dem heb- und senkbaren Schaufelradausleger und dem schwenk-, heb- und senkbaren Förderbandausleger zum Anschütten des Materials auf Halde oder zum Beladen von Fahrzeugen. In den elektrischen Einzelantrieben mit in Öl laufenden Getrieben

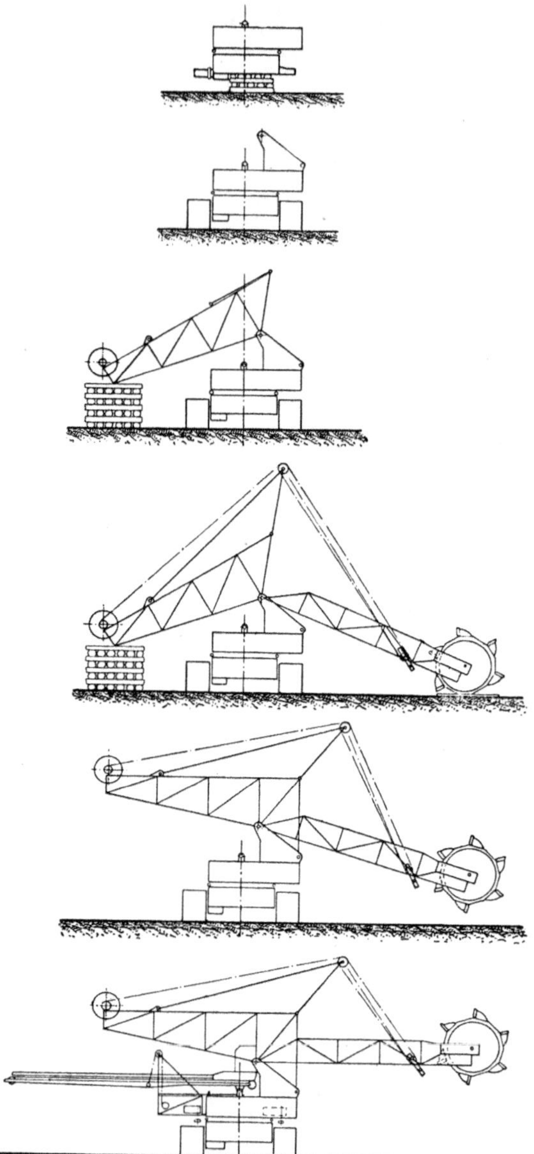

Abb. 3. Zusammensetzung des Baggers aus den einzelnen Teilen nach dem Transport.

sind elastische Kupplungen eingeschaltet, mit denen die durch Eldro-Geräte ausgelösten elektrischen Bremsen vereinigt sind. Überlastungen werden durch Schütze von den Elektromotoren ferngehalten. Die Antriebe zum Schaufelrad und zum Schwenkwerk des Oberteiles sind außerdem mechanisch gegen zu große Beanspruchungen gesichert. Im Schaufelradantrieb befindet sich eine Flüssigkeitssicherheitskupplung (Abb. 2) und im Antrieb des Schwenkwerkes eine Rutschkupplung. Die Endstellungen der verstellbaren Teile sind durch Endschalter begrenzt. Zum Steuern der Antriebsmotoren dienen Schalter und Druckknöpfe. Für den Baggerführer und den Beladebandführer (Maschinist) ist je ein Beobachtungshaus angebaut. — Die einzelnen Baggerteile sind so bemessen, daß sie für den Transport über größere Strecken auf fünf Eisenbahnwagen oder Straßentiefladern verladen werden können. Nach dem Transport kann der Bagger verhältnismäßig leicht wieder zusammengesetzt werden (Abb. 3).

Dipl.-Ing. R i e d i g, München.

Buchbesprechungen und Neuerscheinungen.

Buchenau, H., Dr.-Ing., Baurat an der Staatsbauschule Essen: **Stahlbau.** Teil 1, 13. Aufl. 1951, 122 S. mit 224 Abb.; Teil 2, 11. Aufl. 1952, 142 S. (= Teubners Fachbücher für Hoch- und Tiefbau). Gr. 16,5 · 23,5 cm, Leipzig: B. G. Teubner Verlagsges. Preis geb. DM 6,80 bzw. 8,20.

Das Buch bietet eine gedrängte Zusammenfassung der wichtigsten Grundsätze des Stahlbaues mit Einschluß des Schweißens und zeigt die gebräuchlichsten Anordnungen der oft vorkommenden Einzelheiten. Der 1. Band behandelt Stahlverbindungen, Einfache Stahlträger, Decken, Stützen, Schutz gegen Rost und Feuer, sowie die Wiederverwendung von Altstahl. Der 2. Band bringt Zusammengesetzte Stahlträger, Dachbauten, Dacheindeckungen und -aufbauten, Stahlgerippe und Stahlfachwerkbau, sonstige Bauwerksteile aus Stahl im Hochbau sowie den Stahlleichtbau.

Die beiden Bände sind vollständig überarbeitet. Die vielen Beispiele sind auf das sorgfältigste ausgesucht und bearbeitet.

F. Schleicher, Dortmund.

Alfons Leon Gedenkschrift. 90 S., Gr. DIN A 4, Wien: Verlag Allgemeine Bau-Zeitung, 1952.

Am 30. Mai 1951 verstarb kurz vor Vollendung seines 70. Lebensjahres Prof. Dr. techn. Alfons Leon, Ordinarius für Baustofflehre und Mechanische Technologie an der Techn. Hochschule, Wien. Dem Andenken von Leon ist die vorliegende Gedenkschrift gewidmet, die außer einer ausführlichen Darstellung des Lebenslaufes und einer Übersicht über die wissenschaftlichen Leistungen von Leon (das Verzeichnis der Veröffentlichungen weist 119 Nummern auf) noch 21 Aufsätze aus Theorie und Praxis enthält, und zwar aus den verschiedensten Gebieten des Bauwesens sowie der Materialprüfung.

Alle Freunde von Leon werden es in Dankbarkeit begrüßen, daß das Andenken dieses vorzüglichen Mannes auf diese Weise geehrt wurde.

F. Schleicher, Dortmund.

Schreyer: Praktische Baustatik, Teil 3, bearbeitet von Baurat a. D. Dipl.-Ing. H. Ramm, Essen, 200 S., Gr. 16,5 · 23,5 cm, mit 289 Abb., Bielefeld: Verlag für Wissenschaft und Fachbuch, 1952. Preis DM 11,80.

Während sich die beiden ersten Teile der methodisch und dem Umfange nach den Lehrplänen der Fachschulen entsprechenden „Praktischen Baustatik" auf den Hochbau beziehen, befaßt sich der vorliegende 3. Teil mit dem Ingenieurbau. Zunächst wird aus den Bestimmungen das Wichtigste über Belastung, zulässige Spannungen und über Durchbiegungen im Brücken- und Kranbau angegeben. Es folgen die Einflußlinien am einfachen und durchlaufenden Träger. Ein Abschnitt über Längsschub- und Hauptspannungen leitet über zu den Festigkeitsnachweisen bei zusammengesetzten Holzträgern, bei mehrteiligen Druckstäben und bei genieteten bzw. geschweißten Vollwandträgern. Den Abschluß bilden statische Untersuchungen an Massivbauten, wie Stützmauern, Spundwände, Gewölbe, Widerlager und Pfeiler.

Die leicht verständliche, durch zahlreiche Abbildungen anschauliche Darstellung wird durch viele praktische Beispiele ergänzt. Ist die „Praktische Baustatik" für den Studierenden der Fachschule ein wertvoller Leitfaden für den Statikunterricht, so bietet sie dem Hochschüler eine willkommene und notwendige Verbindung zur angewandten Statik.

Ph. Stein, Aachen.

Luetkens, O., Dr.-Ing. habil.: **Der räumliche Rahmen für Unterbauten von Kaminkühlern und ähnlichen kreissymmetrischen Bauwerken** (gebrauchsfertige Ansätze für eingeschossige, drei- bis zwölfstielige Systeme). 107 Seiten, Gr. 17 · 24 cm, 52 Abb., Düsseldorf-Lohausen: Werner-Verlag GmbH., 1951, Preis DM 15,—.

Luetkens greift das bereits 1927 in seiner Doktor-Dissertation behandelte Thema wieder auf und untersucht das kreissymmetrische räumliche Tragwerk für waagrechten Lastangriff. Als Unbekannte werden je 3 Knotendrehwinkel und die Stabdrehwinkel der Stiele in die Rechnung eingeführt. Es gelingt mit Hilfe des von H. Reissner gegebenen Ansatzes Gruppenzustände gegenseitiger Unabhängigkeit zu bilden und weiterhin durch geeignete Umordnung der angreifenden Lasten zu einer zweckmäßigen Lösung zu gelangen, die für n-stielige Rahmen mit $n = 3$, 4, 6, 8 und 12 Stielen angegeben wird.

Das Buch stellt naturgemäß an den Leser entsprechende Anforderungen. Über die rein statischen Fragen hinaus gibt der Verfasser auf Grund seiner reichen Erfahrungen wertvolle Hinweise für die konstruktive und wirtschaftliche Ausbildung von Kühlturmunterbauten.

E. Kohl, Braunschweig.

Physikalisches Wörterbuch, herausgegeben von Wilhelm H. **Westphal,** Berlin. 2 Teile in einem Band. 833 u. 795 S., Gr. 20 · 28 cm, mit etwa 10 500 Stichwörtern und 1595 Textfiguren. Berlin-Göttingen-Heidelberg: Springer-Verlag, 1952. Preis: Halbfranz geb. DM 148,—.

Die von A. Berliner und K. Scheel herausgegebene 2. Auflage des Physikalischen Wörterbuches (Berlin 1932) war auch bei den Bauingenieuren stark verbreitet. Die 3. Auflage, nunmehr als Physikalisches Wörterbuch bezeichnet, gibt ein völlig neues Werk. Die moderne Physik und ihre Grenzgebiete, aber auch physikalische Chemie und Astrophysik, Geophysik und Biophysik, sowie die Mathematik haben in mehr als 10 000 Stichworten eine umfassende Darstellung gefunden. Das Physikalische Wörterbuch, das außer für den Physiker auch für den Ingenieur bestimmt ist, stellt ein vorzügliches Hilfsmittel dar, um sich schnell und bequem über Begriffe und Probleme der Physik von heute zu unterrichten. Die einzelnen Stichworte sind allerdings, dem Charakter des Buches entsprechend, kurz gehalten. Sorgfältig ausgewählte Literatur vermittelt aber den Weg zur Vertiefung in den einzelnen Fragen.

In der heutigen Form kann das Buch am besten beschrieben werden als ein Konversationslexikon auf dem Gebiet der Physik. Es wird auch den Technikern aller Fachrichtungen sehr nützlich sein, die sich über Fragen der modernen Physik zu orientieren wünschen. Schon ein flüchtiges Durchblättern des Buches läßt die Dringlichkeit des Bedürfnisses nach einem derartigen Hilfsmittel erkennen. Das Buch ist vorzüglich geeignet, gerade bei Nichtfachleuten die Lücken auszufüllen, die durch den Fortschritt der Physik zunehmend entstehen. Zu erwähnen wäre noch ein Anhang mit kurzen Darstellungen über die Geschichte der Physik.

Der Preis ist zwar nicht zu hoch im Verhältnis zu den gebotenen Leistungen, aber wohl doch zu hoch, als daß das Buch eine so weite Verbreitung finden könnte, wie es verdient.

F. Schleicher, Dortmund.

Lohr, Erwin, weiland o. ö. Professor an der Deutschen Techn. Hochschule in Brünn: **Mechanik der festen Körper.** 483 S., Gr. 18 · 24,5 cm, mit 73 Abb., Berlin: W. de Gruyter & Co., 1952. Preis DM 39,60 geb.

Auswahl des Stoffes, wie Darstellung lassen erkennen, daß der Verfasser an einer Techn. Hochschule wirkte und seine Ausführungen vorwiegend an Technikstudenten richtete. Für das Buch charakteristisch sind die vektoranalytischen Formulierungen, welche viel weitergehend verwendet wurden, als dies etwa in anderen Büchern der Physik geschieht. Das Buch gibt eine Darstellung der allgemeinen Mechanik und der Mechanik starrer Körper, im zweiten Teil der Mechanik deformierbarer Festkörper, die für den theoretisch interessierten Bauingenieur äußerst anregend ist. Die Ausführungen über die Mechanik elastischer Körper zeigen besonders deutlich, wie sehr sich die Darstellung vereinfachen läßt, wenn man von den Lehren der Vektorrechnung Gebrauch macht. Die Ansprüche an den Leser bleiben dabei begrenzt, zumal die erforderlichen Regeln in dem Buche selbst abgeleitet werden.

Das Werk des während der Drucklegung verstorbenen Verfassers, das den Bauingenieur weit für die Sondergebiete der Statik und die höhere Festigkeitslehre vorbereitet, verdient stärkste Beachtung und weite Verbreitung.

F. Schleicher, Dortmund.

Kammüller, Karl, Dr.-Ing. habil, o. Prof. Techn. Hochschule Karlsruhe: **Theorie des Stahlbetons,** Bd. I. **Bemessung und Spannungsnachweis.** 144 S. mit 147 Abb. und 39 Blatt Tabellen und Tafeln. Karlsruhe: Verlag C. F. Müller, 1952. Preis geb. 23,— DM.

Nach Band II, 1. Teil (Statik der biegefesten ebenen Stabwerke — Grundlagen und Rahmentragwerke) kommt nunmehr Band I „Bemessung und Spannungsnachweis" heraus. Außer den klassischen Kapiteln Säulen, einfache Biegung unter Druck- und Zugkraft, Schubsicherung, Verdrillung, schiefe Biegung ist entsprechend den Forderungen des modernen Stahlbetonbaues die *n*-freie Biegetheorie, die Vorspannung und der Verbundquerschnitt behandelt.

Das Werk ist aus der Forscher- und Lehrtätigkeit des Verfasser an der Karlsruher Techn. Hochschule in langen Jahren entstanden. Obwohl die Festigkeitslehre des Stahlbetons in zahlreichen bisher erschienenen Büchern behandelt ist, ist das Kammüllersche Buch als eine wertvolle Bereicherung der Fachliteratur zu bezeichnen. Es zeigt in hohem Maße originelles Denken und Formulieren, so daß auch bekannte Zusammenhänge in neuem Licht erscheinen und mit Gewinn zu studieren und in der Praxis zu verwerten sind. Es wird deshalb nicht nur Studenten, sondern auch den berufstätigen Fachkollegen viele Anregungen bieten. A. Mehmel, Darmstadt.

Föppl, Ludwig, Dr. phil., o. Prof. a. d. Techn. Hochschule München, und Dr.-Ing. Gerhard **Sonntag,** Privatdozent a. d. Techn. Hochschule München: **Tafeln und Tabellen zur Festigkeitslehre.** 138 S., Gr.-8° mit 305 Abb. München: Verlag von R. Oldenburg, 1951, Preis Halbl. DM 32,—.

Das Tafel- und Tabellenwerk soll dem Zweck dienen, wertvolle Forschungsarbeit, die weit verstreut ist, z. T. in Zeitschriften, Monographien und Dissertationen, und auch auf einem Teilgebiet der Mechanik kaum zu übersehen ist, in ihren Ergebnissen an die fachlich interessierten Kreise heranzubringen. Das Buch ist in einen Textteil und einen Abbildungsteil getrennt. Diese Aufteilung, gegen die grundsätzlich mancherlei Bedenken erhoben werden können, erscheint mir hier durch die geschickte buchbinderische Zusammenfassung glücklich gelöst.

Behandelt sind folgende Gebiete: I. Biegung des geraden und gekrümmten Stabes, II. Torsionsprobleme, III. Ebene Spannungszustände (Scheiben), IV. Räumliche Spannungszustände, Hertzsche Härte, Fundamente, V. Platten, VI. Schalen, ferner Kerbspannungen, Stabilitätsprobleme u. a. m.

In dem vorliegenden Umfang kann das Buch auf Vollständigkeit keinen Anspruch erheben, und die Auswahl wird immer eine Ermessensfrage sein. Vom Standpunkt des Bauingenieurs aus mögen zwei Anregungen gestattet sein: die Einflußflächen rechteckiger Platten, die nach der Neufassung der DIN 1075 für die Berechnung von Brückenfahrbahnen großes praktisches Interesse erhalten haben, nehmen besonders im Band der Abbildungen einen großen Raum ein (31 von 88 Seiten). Dies erscheint mir unnötig viel, da der konstruktive Bauingenieur die einschlägigen Originalveröffentlichungen ohnehin als Werkzeug benützen muß. Hier könnte Raum eingespart werden, den ich einem anderen den Bauingenieur interessierenden Problem zur Verfügung stellen würde, z. B. den als Dachkonstruktionen Verwendung findenden Zylinderschalen.

Das Buch sei allen interessierten Fachkollegen empfohlen. A. Mehmel, Darmstadt.

Ferienkurse für Bodenmechanik und Grundbau 1950. Vorträge. (Heft 1 Mitteil. Franzius-Institut der TH Hannover.) 157 S., Gr. DIN A 5, Hannover: Eigenverlag der Hann. Versuchsanstalt für Grundbau und Wasserbau. 1952.

Eine Einführung behandelt die Bewertung des Bodens als Baugrund und Baustoff, Eigenschaften, Versuchsmethoden sowie Anwendung der Ergebnisse. Als Beispiel der Baugrundkartierung dient die Baugrundkarte von Hildesheim sowie die hydrologische Karte von Hannover. Fragen des wasserführenden Bodens werden in Berichten über Theorie und Praxis elektroosmotischer Bodenentwässerung, über Fließsand und Schwimmsanderscheinungen und in einem Überblick über Wasserhaltungsverfahren untersucht. Baugrundfragen im Straßenbau werden angeschnitten bei Ausführungen über das Frostproblem, über Erdstraßenbau als Sondergebiet der Baugrundforschung und über die Bemessung von Straßen- und Flugplatzdecken. Dem Grundbau dienen eine Berechnung der Tragfähigkeit von Pfählen, Mitteilungen über Kriegsschäden im Hamburger Hafen und über neuere Druckluftgründungen. Aktuelle Fragen des Deichbaues kommen mit besonderem Hinblick auf Maßnahmen im Bergbaugebiet zur Sprache. — Durch reiche Ausstattung mit Skizzen und Kurven wird der Stoff sehr instruktiv vermittelt. Das Heft ist ein guter Leitfaden für die wichtigsten Fragen der Bodenmechanik und ihrer praktischen Anwendung. H. Petermann, Bremen.

Kupferschmid, V., Dr.-Ing., Obering. der Zentralverwaltung der Bauunternehmung Carl Brandt, Düsseldorf: **Ebene und räumliche Rahmentragewerke.** 196 S., Gr. 16,5 · 23,5 cm, mit 252 Abb., Wien: Springer-Verlag, 1952. Preis geb. 35,70 DM.

Die Berechnung ebener und räumlicher Rahmentragwerke wird in zwei Schriften durchgeführt. Im ersten Berechnungsabschnitt werden die Knotenpunkte unverschieblich, im zweiten verschieblich und unverdrehbar angenommen. Die Entwicklungen beruhen auf der Deformationsmethode von Ostenfeld und dem Momentenausgleich nach Cross. Die Grundlagen zur Berechnung sind recht klar und anschaulich dargestellt, und 27 ausführlich durchgerechnete Zahlenbeispiele zeigen die praktische Anwendung.

Neben den ebenen Rahmen werden auch die räumlichen Rahmentragwerke systematisch einbezogen, und zwar Rahmentragwerke, deren Stäbe 1. sämtlich normal aufeinanderstehen, 2. in einer Ebene und normal zu dieser angeordnet sind und 3. beliebige Winkel miteinander einschließen. Ferner werden durch Scheiben ausgesteifte Rahmentragwerke behandelt. Bei den räumlichen Tragwerken ist dem Einfluß der Torsionssteifigkeit der einzelnen Stäbe besondere Beachtung geschenkt, und es wird gezeigt, daß dieser in vielen Fällen vernachlässigt werden darf und etwa dem der Nebenspannungen entspricht.

Im Anhang wird der unmittelbare Momentenausgleich für den symmetrischen zweistieligen Stockwerkrahmen und den Vierendeelträger behandelt. Das Buch wird dank der ausgezeichneten, klaren und einfachen Darstellungsweise großen Anklang in der Fachwelt finden.

E. Kohl, Braunschweig.

Den Hartog, J. P., Prof. of. Mech. Engineering Massachusetts Institute of Technology: **Mechanische Schwingungen,** 2. Aufl. übersetzt und bearbeitet nach d. 3. amerik. Aufl. von Gustav Mesmer, Prof. für Mechanik TH. Darmstadt. 427 S., Gr.-8°, mit 229 Abb. Berlin-Göttingen-Heidelberg: Springer-Verlag 1952. Preis Ganzleinen 42,— DM.

Die erste Hälfte des Werkes, eine wohlbemessene Einführung in die Schwingungslehre, läßt bereits die charakteristische Eigenart dieses amerikanischen Lehrbuches erkennen: Der Verfasser behandelt die technischen Schwingungsprobleme mit bemerkenswertem Geschick unter verhältnismäßig geringem mathematischem Aufwand, vielfach der Näherungsmethode den Vorzug gebend. Die zu jedem Kapitel gegebenen Übungsaufgaben, deren Lösungen man am Schluß des Buches findet, werden dem Lernenden willkommen sein. — Der Bauingenieur wird in erster Linie den Abschnitt „Mehrere Freiheitsgrade" beachten.

Auf die Einführung folgen zwei Hauptabschnitte für den Maschineningenieur, u. a. mit Kurbeltrieb, Auswuchten, Drehschwingungen und kritischen Drehzahlen.

Sodann wird erstmalig in einem Lehrbuch ein umfangreicher Abschnitt „Selbsterregte Schwingungen" gebracht, nicht ohne schon einleitend auf die Grenzen hinzuweisen, die einer „linearen" Untersuchungsweise gesetzt sind. Dementsprechend wird im weiteren das Physikalische der Erscheinungen stärker als das Mathematische betont. Die Fülle von Beispielen ist nach den Anfachungsursachen gegliedert, dabei werden neben Reibungs- und Strömungseinflüssen auch andere, z. B. Hysteresiswirkungen, erwähnt, und die Strömungsanfachung im besonderen wird in solche durch Wirbelablösung, durch verzögerte Turbulenzausbildung und durch gegenseitige Beeinflussung von Biege- und Torsionsschwingungen unterteilt. Bei einigen der Beispiele, z. B. dem Tragflügelflattern, wird der Weg der theoretischen Untersuchung kurz umrissen. (Die knappe Bemerkung über den Tacoma-Einsturz hätte man vielleicht etwas anders formulieren sollen; immerhin sind bei einer Reihe von weiteren Hängebrücken angefachte Biegeschwingungen beobachtet worden.)

Der letzte Abschnitt führt, ebenfalls an Hand von vielen Beispielen, in die Methoden ein, nach denen Systeme mit veränderlichen Koeffizienten und nichtlineare Systeme zu behandeln sind, u. a. wird dabei auf nichtlineare Federung und nichtlineare Dämpfung eingegangen.

In dem Buche Den Hartogs ist die Stoffabgrenzung ohne Zweifel besonders glücklich getroffen. Er verzichtet auf ein unbedingtes Streben nach der vollständigen theoretischen Durchdringung der Probleme (die z. T. heute noch gar nicht möglich ist), andernfalls würde sich ja auch der Umfang der beiden letzten Kapitel vervielfachen. In erster Linie stellt es sich in den Dienst des praktischen Ingenieurs, dessen Unterrichtung sich stets an gewisse Grenzen halten wird. — Auch dem Übersetzer ist zu danken für seine gelungene Bearbeitung, die die Eigenarten des Buches beibehält und für den deutschen Leser ansprechend macht.

F.-W. Waltking, Düsseldorf.

Stüssi, F., Dr. Sc.Techn., Prof. an der eidgen. TH., Zürich, und **O. Wichser,** Dipl.-Ing., Oberingenieur der Generaldirektion der Schweiz. Bundesbahn, Bern: **Stahlbau** (= Heft 14 der Bautechn. Reihe der Schriften zur Frage der Arbeitsbeschaffung), 152 S., Gr. DIN A 4, mit rd. 300 Abb., Zürich: Polygraphischer Verlag A.-G. Preis brosch. 26,— Fr.

Die schweizerischen Bauingenieure haben von jeher den Problemen des Stahlbaues ihre besondere Aufmerksamkeit gewidmet und an der Entwicklung der Theorie zur Erforschung der Baustoffeigenschaften und der Festigkeitsprobleme wesentlich beigetragen. Das vorliegende Heft, dessen Herausgabe in eine Zeit fällt, in der wegen der Stahlknappheit auf rationelle Bauweise der größte Wert zu legen ist, verdient daher besondere Beachtung.

Nach der Einleitung, die einen Überblick über die Entwicklung des Stahlbaues und über dessen Anwendungsgebiete gibt, und nach einer Darstellung der Grundlagen (Baustoff, Verbindungsmittel, Sicherheit und zulässige Beanspruchung, Stabilitätsprobleme) und der Bauelemente (Vollwandträger, Fachwerkträger, Lager und Gelenke, Verbundbauweise) werden zahlreiche Beispiele aus dem schweizerischen Stahlbau (Brücken, Hochbau, Maste und Türme, Kran- und Förderanlagen, Behälter, Stahlwasserbau, Grundbau) und in einem weiteren Kapitel Werkstattarbeiten und Montage behandelt. Den Abschluß bildet eine Betrachtung über Erfahrungen und zukünftige Entwicklungstendenzen.

Die Schrift wendet sich an den größeren Kreis aller am Stahlbau Interessierten, darüber hinausgehend vermittelt sie dem Stahlbauingenieur manche wertvollen Hinweise.

R. Barbré, Dortmund.

Wild, E., Stadtbaudirektor a. D., und O. **Schöberlein,** Magistratsbaurat a. D., Berlin: **Handbuch für die Berechnung von Kanälen, Leitungen und Durchlässen des Wasserbaues.** Zweite, neubearbeitete und erweiterte Auflage. 97 S., Gr.-8°, mit 11 Tafeln und 24 Abb., Berlin / Göttingen / Heidelberg: Springer-Verlag, 1952, Preis: Ganzleinen geb. DM 28,50.

Beim Entwerfen von wirtschaftlich günstigen Leitungsquerschnitten im Wasserbau handelt es sich nie um eine einzige gleich in die Augen springende Patentlösung, sondern stets müssen mehrere Möglichkeiten aufgesucht und gegeneinander abgewogen werden. Die dabei durchzuführenden hydraulischen Berechnungen sind zwar oft einfach, aber umständlich. Der Zweck des Handbuches, als bequemes Rechenhilfsmittel beim skizzierenden Entwerfen den prüfenden Blick vor Verwirrung zu bewahren, wird durch 12 Anwendungsbeispiele erläutert. In Zahlentafeln werden für die verschiedenen voll- und nicht volllaufenden Querschnitte für Gefälle von 1 : 10 bis 1 : 10 000 die Durchflußmengen und -geschwindigkeiten, Querschnittsflächen, benetzten Umfänge, hydraulischen Radien und Wurzeln aus dem Gefälle angegeben. Weiter wird die Konstruktion der Lichtquerschnitte mit ihren Leistungs- und Geschwindigkeitskurven für alle vorkommenden Füllhöhen und Gefälle angegeben. 5 Anhänge bringen sonstige Rechenhilfsmittel und Normen.

In den gut lesbaren Tabellen und Kurventafeln steckt eine große und wertvolle Vorarbeit für den praktisch tätigen Konstrukteur. Es handelt sich hier um ein Werk des täglichen Bedarfes, dem wir weiteste Verbreitung wünschen.

E. Marquardt, Stuttgart

Schallschutz. Heft 2 von „Fortschritte und Forschungen im Bauwesen", Reihe D. Mit Beiträgen von **H. Brandt, L. Cremer, K. Gösele** und **Th. Kristen** (= Berichte des Beirats für Bauforschung beim Bundesminister für Wohnungsbau). 135 S. Gr. 21 · 29,5 cm. Stuttgart: Franckh'sche Verlagshandlung, 1952. Preis 8,50 DM.

Die Klagen über die Hellhörigkeit unserer Bauten mehren sich ständig. Wir haben heute aber schon sichere Möglichkeiten, diesem Übelstand abzuhelfen, denn die Forschung auf dem Gebiete des Schallschutzes hat wesentliche Fortschritte gemacht, die hier zusammengefaßt sind. Während im ersten Abschnitt über schalltechnische Untersuchungen von Wänden und Decken berichtet wird, bringt der zweite Abschnitt eine ausgezeichnete zusammenfassende Darstellung über die neueren Erkenntnisse vom Schallschutz von Decken und Wänden. Die Darstellungen werden ergänzt durch einen Beitrag über die näherungsweise Berechnung der von einem schwimmenden Estrich zu erwartenden Verbesserung der Luftschall- und Trittschall-Dämmung von Decken.

Die Schrift ist ein wertvoller Beitrag zur Lärmbekämpfung, der jedem nützlich sein wird, der sich mit diesen Fragen zu beschäftigen hat.

Regierungsbaumeister Sautter, Hannover.

Kraus, Rudolf, Dr.-Ing., Abteilungsleiter am Badischen Staatstechnikum. **Die Straße** (Leitfaden für den Unterricht an Höheren Technischen · Lehranstalten). 116 S., DIN A 5, mit 70 Abb. Karlsruhe, G. Braun. 1951. Preis: Ganzleinen DM 10,80, kart. DM 8,80.

In diesem Buche, das als Leitfaden für den Unterricht an Höheren Technischen Lehranstalten bestimmt ist, werden die Grundsätze des Straßenbaues in sehr klarer Fassung dargestellt. Von den Eigenschaften der Straßenfahrzeuge ausgehend werden Querschnittsgestaltung und Linienführung behandelt. Es folgen Abschnitte über die Anschlüsse und Kreuzungen und die Sicherheits- und Verkehrsanlagen. Den Baustoffen und den verschiedenen Arten der Fahrbahnbefestigung sind zwei Kapitel gewidmet. Auf die Fragen der Unterhaltung und der Wirtschaftlichkeit der Straßendecken wird kurz hingewiesen. Im Anhang wird eine Anleitung zur Entwurfsbearbeitung gegeben. Zahlreiche instruktive Handzeichnungen des Verfassers veranschaulichen die Baumethoden ausgezeichnet. Dem Buche ist eine weite Verbreitung im Unterricht und in der Praxis zu wünschen.

J. Schlums, Hannover.

Mitteilungen der Traditionsgemeinschaft der Techn. Hochschulen Breslau und Danzig. Heft 2. 75 S., Gr. DIN A 5, Wuppertal.

Petterson, Ove: **Combined Bending and Torsion of I Beams of Monosymmetrical Cross Section.** A Non-Linear Theory Taking Into Account the Risk of Lateral Buckling (= Bulletin Nr. 10 from The Division of Building Statics and Structural Engineering at The Royal Institute of Technology). Stockholm, 1952. 260 S., Gr. 16,5×24 cm.

Der Kalksandstein auf der internationalen Bauausstellung Constructa 1951. Herausgegeben vom Hauptverband Kalksandsteinindustrie e. V., Hannover, Arnswaldtstr. 5. 24 S., Gr. DIN A 5. 1952.

Spart Stahl im Bau. Im Mai 1952 herausgegeben vom Deutschen Beton-Verein e. V. unter Mitwirkung des Hauptverbandes der Deutschen Bauindustrie e. V. 40 S., Gr. 19×27 cm, mit 43 Abb. Interessenten können diese Broschüre mit Postkarte beim Deutschen Beton-Verein e. V., Wiesbaden, Postfach 627, anfordern.

Schweizer Stahlbauten. Bearbeitet durch einen Ausschuß der Technischen Kommission des Verbandes Schweizerischer Brückenbau- und Stahlhochbau-Unternehmungen, Zürich 39, Freigutstr. 15. 16 S. Text u. 130 S. Photos, Gr. 23 · 29 cm, Zürich 1952.

Verschiedenes.

Fr. Voß 80 Jahre alt.

Dr.-Ing. E. h. Friedrich Voß, Kiel, Regierungsbaurat a. D. und ehemaliger Leiter des Kaiserlichen Brückenbauamts für die Erweiterung des Kaiser-Wilhelm-Kanals, vollendete am 7. Juli sein 80. Lebensjahr. V. ist besonders als Schöpfer der großen Hochbrücken über den K.-W.-Kanal bei Rendsburg, Hochdonn und Holtenau sowie anderer bedeutender Brückenbauwerke bekannt geworden.

Aus niedersächsischem Bauerngeschlecht stammend, das bei Kreiensen seit 1600 beheimatet ist, bezog V. die techn. Hochschule Braunschweig, an der damals noch Häseler wirkte. Nach Abschluß seines Studiums und Ableistung des Wehrdienstes trat er im Oktober 1897 in den Dienst der preuß. Wasserbauverwaltung in Harburg a. d. Elbe. Zwischenzeitlich bei der Kanalisationsabteilung der Stadt Königsberg (Pr.) beschäftigt, war V. vom April 1899 bis Januar 1902 bei der Maschinenbaugesellschaft Nürnberg tätig. Nach im Mai 1902 bestandener zweiter Staatsprüfung nochmals ein halbes Jahr bei der vorgenannten Firma, wurde V. im Oktober 1903 auf drei Jahre als Hilfsarbeiter für Wasserbau in das preußische Ministerium der öffentlichen Arbeiten in Berlin berufen. Anschließend war V. zwei Jahre am Wasserbauamt Minden (Westf.) mit Entwurfsarbeiten für die Überführung des Mittellandkanals über die Weser und andere Brückenbauten beschäftigt. Im Oktober 1908 erhielt V. die Berufung an das Kaiserliche Kanalamt in Kiel als Leiter des Brückenbauamts. Hier fand er eine Aufgabe von außergewöhnlicher Bedeutung, die in den eingangs erwähnten Großbrückenbauten gipfelte.

Von 1916 bis 1918 nahm V. freiwillig am ersten Weltkrieg teil. Später hat V. als Zivilingenieur zahlreiche Entwürfe für feste und bewegliche Brücken ausgeführt und mehrfach Auszeichnungen bei Wettbewerben erhalten. An größeren Brückenbauten sind unter seiner Leitung u. a. auch die Straßenbrücke mit beweglicher Mittelöffnung über die Eider bei Friedrichstadt, die Hubbrücke über die Rethe bei Hamburg und die Straßenbrücke über den Rhein bei Krefeld entstanden. Außerdem hat V. als Sachverständiger beim Bau vieler Abraumförderbrücken für das Braunkohlengebiet gewirkt.

Bei der Entwurfsbearbeitung war V. immer bemüht, den zu planenden Bauwerken auch eine ästhetisch befriedigende Form zu geben. Aus der Erwägung heraus, daß perspektivische Darstellungen nur ein unvollkommenes Urteil ermöglichen, hat V. seine Kanalbrückenentwürfe modellmäßig darstellen lassen und damit unbestritten Bauwerke von monumentaler Wirkung geschaffen. Zu diesem Eindruck beigetragen hat gleichzeitig die damals noch ungewöhnliche Verwendung großflächiger Konstruktionen, besonders bei der Rendsburger Hochbrücke. Auch in bezug auf die Baustoffauswahl hat V. führend und seiner Zeit vorausschauend gewirkt, indem er schon vor dem ersten Weltkrieg einen hochwertigen Baustahl, der bis dahin nur im Kriegsschiffbau gebräuchlich war, mit $\sigma_B = 44\,kg/mm^2$ und $\sigma_S = 30\,kg/mm^2$ etwa dem St 46 vergleichbar, für mehrere bedeutende Stahlbrücken verwendete.

Als Anerkennung seiner Tätigkeit auf dem Gebiet des Entwurfs und der Ausführung von Großbrückenbauten wurde Voß von der Techn. Hochschule Braunschweig 1922 der Grad eines Dr.-Ing. E. h. verliehen. In dem Bestreben, seine reichen Erfahrungen weiterhin nutzbar zu machen, und aus Freude an schöpferischer Arbeit führt Voß auch heute noch ein Büro als Zivilingenieur. Möge ihm ein gütiges Geschick noch manches Jahr solcher Tätigkeit und einen ungetrübten Lebensabend bescheren.

W. Knauf, Hamburg.

K. Beyer †.

Prof. Dr.-Ing. Kurt Beyer, ord. Professor an der Techn. Hochschule Dresden, ist am 9. Mai 1952 nach schwerem Leiden verstorben. Eine ausführliche Würdigung von B. aus Anlaß seines 70. Geburtstages gab der Bauingenieur 26 (1951) S. 376.

40jähriges Dienstjubiläum.

Herr Ministerialrat Eugen Ernst, Brückendezernent bei der Hauptverwaltung der Deutschen Bundesbahn in Offenbach, feierte am 4. Juni sein 40jähriges Dienstjubiläum.

Ruhrländischer Architekten- und Ingenieur-Verein.

Der Ruhrländische Architekten- und Ingenieur-Verein in Essen, der einen weiten Bezirk des Ruhrgebietes umfaßt, ist wieder zu voller Tätigkeit gelangt. An seiner Spitze steht Dr.-Ing. P. Walter, Stellvertreter Regierungsbaumeister Beckmann. Der RAIV. ist die Vereinigung der akademisch gebildeten Architekten und Bauingenieure und gehört dem Verband Deutscher Architekten- und Ingenieur-Vereine an.

H. Bluhm Dr.-Ing. E. h.

Die Technische Universität Berlin-Charlottenburg verlieh Herrn Direktor Hans Bluhm, Vorsitzenden des Vereins Deutscher Ingenieure, in Anerkennung seiner Verdienste um die Förderung der technischen Wissenschaften in dem Wirkungskreis des von ihm nach dem Zusammenbruch wieder aufgebauten Vereins Deutscher Ingenieure, um die Wiederbelebung der technisch-wissenschaftlichen Gemeinschaftsarbeit in Fachausschüssen und Arbeitsgemeinschaften und durch die Lenkung der deutschen Ingenieure zu hohen geistigen und menschlichen Zielen, die akademische Würde Doktor-Ingenieur Ehren halber.

75 Jahre Dortmunder Brückenbau C. H. Jucho.

Am 13. Juli 1877 von dem Brückenbau-Ingenieur Caspar Heinrich Jucho gegründet, begann das Unternehmen zunächst mit einer kleinen Belegschaft seine Produktion, zu der u. a. Brücken, Dächer, Bahnsteighallen und Pumpenanlagen gehörten. 29 Jahre stand das Werk unter der zielsicheren und erfolgreichen Führung des Gründers, bis zu seinem Ableben am 1. 2. 1906. Nach seinem Tode oblag es seinen Söhnen, Dr.-Ing. Heinrich J. und Dr. phil. Max J., das Unternehmen weiter auszubauen. Das Dortmunder Hauptwerk wurde beträchtlich vergrößert, ein Zweigwerk in Hamm (Westf.) und später ein weiteres Werk in Dortmund-Wambel errichtet. Das Unternehmen, dessen Führung heute in den Händen von Dipl.-Ing. Günter Jucho liegt, kann auf eine ungewöhnlich erfolgreiche Entwicklung in den 75 Jahren seines Bestehens zurückblicken, es gehört heute zu den führenden deutschen Stahlbaufirmen.

Von den durch die Fa. Jucho erstellten Bauten seien erwähnt Lieferung und Aufstellung der beiderseitigen Rampenbrücken der Hochbrücke über den Nordostseekanal bei Rendsburg (1911) im Gewicht von 13 500 t, Brücken der verschiedensten Systeme und bis zu den größten Stützweiten, auch Hallen bis zu den größten Ausmaßen haben in reicher Zahl das Werk verlassen, dazu Behälter und Tanks, ferner schwere Blecharbeiten für Hochöfen, Winderhitzer usw. Weiterhin gehören zum Lieferprogramm der Firma Türme und Gittermaste, Funkmaste und Funktürme, Stahlleichtbaubinder, Stahlleichtträger und Stahlfenster. Lediglich kurz erwähnt seien die Abteilungen Maschinenbau (Krane und Verladebrücken), Gasreinigungs- und Entschwefelungsanlagen sowie Entstaubungsanlagen und schließlich die Abteilung „Installation". Ganz besonderes Augenmerk wurde in den letzten Jahren wieder dem Exportmarkt zugewandt. Es konnten bedeutende Aufträge übernommen und ausgeführt werden.

Der **Deutsche medizinische Informationsdienst** sucht Verbindung mit sämtlichen Firmen der Baustoffindustrie, die an Fragen des **Schallschutzes** im Wohnungsbau und in Betrieben interessiert sind, sowie mit Herstellerfirmen für schalldämmende Stoffe. Firmen, die bereit sind, sich an der von medizinischer Seite in Vorbereitung befindlichen Lärmbekämpfungsaktion zu beteiligen, werden gebeten, sich möglichst umgehend mit dem Deutschen medizinischen Informationsdienst (Münster/Westf., Waldeyerstraße 27, Tel. 28 80) in Verbindung zu setzen.

Für den Inhalt verantwortlich: Professor Dr.-Ing. F. Schleicher, Dortmund; Druck: Hempel & Co., Deutsche Zentraldruckerei A.-G., Berlin SW 11, Dessauer Straße 7. — Springer-Verlag, Berlin - Göttingen - Heidelberg.

GPSR Compliance

The European Union's (EU) General Product Safety Regulation (GPSR) is a set of rules that requires consumer products to be safe and our obligations to ensure this.

If you have any concerns about our products, you can contact us on ProductSafety@springernature.com

In case Publisher is established outside the EU, the EU authorized representative is:

Springer Nature Customer Service Center GmbH
Europaplatz 3
69115 Heidelberg, Germany

Batch number: 10615097

Printed by Printforce, the Netherlands